基于改进线性双源遥感蒸散模型的四川省干旱监测研究

柳锦宝　于　静　何政伟　　著
姚云军　孙艺琳　梁　芳

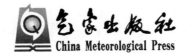

气象出版社

China Meteorological Press

内 容 简 介

本书在参考国内外地表蒸散和干旱遥感监测等相关理论方法研究的基础上,结合四川省实际情况,开展了地表蒸散反演和干旱遥感监测等研究。本书共分为7章。第1章对本书形成背景进行详细介绍,并阐述了地表蒸散遥感监测和干旱遥感监测国内外研究进展,分析了地表和干旱遥感监测研究中存在的问题;第2章介绍了研究区概况和数据源,说明数据处理方法;第3章详细叙述了地表蒸散反演的具体算法,包括线性双源遥感蒸散模型的改进技术流程和具体参数反演,并对模型算法进行精度评价;第4章介绍了蒸散干旱指数(EDI)的构建过程,重点分析了EDI用于干旱监测的可行性;第5章应用改进的线性双源遥感蒸散模型,反演了四川省地表蒸散,并基于行政区划和地貌分区对蒸散变化特征进行分析;第6章分析近15年的干旱时空变化特征;第7章构建四川省地表蒸散发布系统,可视化地展示地表蒸散结果,实现对四川省地表蒸散信息的共享与发布展示。本书可为遥感蒸散模型和干旱监测方面的研究提供参考。

图书在版编目（ＣＩＰ）数据

基于改进线性双源遥感蒸散模型的四川省干旱监测研究 / 柳锦宝等著. -- 北京 : 气象出版社,2022.5
ISBN 978-7-5029-7716-0

Ⅰ. ①基… Ⅱ. ①柳… Ⅲ. ①遥感技术－应用－水蒸发－监测－研究－四川②遥感技术－应用－干旱－监测－研究－四川 Ⅳ. ①P426.2②P426.615

中国版本图书馆CIP数据核字(2022)第085567号

基于改进线性双源遥感蒸散模型的四川省干旱监测研究
Jiyu Gaijin Xianxing Shuangyuan Yaogan Zhengsan Moxing de Sichuan Sheng Ganhan Jiance Yanjiu

---

出版发行:气象出版社

地 址:北京市海淀区中关村南大街 46 号		**邮政编码:**100081	
电 话:010-68407112(总编室) 010-68408042(发行部)			
网 址:http://www.qxcbs.com		**E-mail:** qxcbs@cma.gov.cn	
责任编辑:张 斌		**终 审:**吴晓鹏	
责任校对:张硕杰		**责任技编:**赵相宁	
封面设计:艺点设计			
印 刷:北京中石油彩色印刷有限责任公司			
开 本:787 mm×1092 mm 1/16		**印 张:**5.5	
字 数:140 千字			
版 次:2022 年 5 月第 1 版		**印 次:**2022 年 5 月第 1 次印刷	
定 价:40.00 元			

前　言

　　蒸散(ET)是水汽传输与转移过程的重要组成部分。近几十年来,随着全球变暖、人口增长和经济的快速发展,全球很多地区都出现了干旱事件,地表蒸散也发生了较大变化。因此,准确的反演地表蒸散情况对了解和利用水资源,提高农业干旱和水文干旱监测水平等方面具有重要的意义,特别是对提高农业生产管理水平和全球气候变化评估方面有重要意义。

　　四川省受复杂多变的气候环境影响,自然灾害近年来愈加严重,常年受到旱灾、洪涝、滑坡、泥石流等灾害的影响,其中,旱灾和洪涝的影响范围以及造成的损失最大,自古就有"一涝一条线,一旱一大片"的说法。四川省的干旱发生具有一定的周期性和地域性,干旱频发区夏旱的概率为80%,春旱和伏旱大致为70%,冬旱和秋旱分别约为40%和20%,常年因干旱缺水的农田占到全省耕地总面积60%以上。历史资料记载,四川省在1978年、1990年、1994年、1997年、2000年、2003年、2006年和2009年曾多次受到干旱的严重影响,且受灾周期在逐渐变短,易发的旱灾严重制约了四川省农业以及经济的发展。综上所述,开展四川省的蒸散与干旱研究是非常必要且迫切的。

　　我们团队围绕地表蒸散、农业干旱监测以及水资源利用效率评价等持续开展研究,陆续发表《An Improved Remote Sensing Evaporation Model and Its Application to Estimate the Surface Evaporation of Sichuan Province》《基于混合型线性双源遥感蒸散模型的南疆绿洲地区干旱研究》《近14年新疆南疆绿洲地区地表蒸散与干旱的时空变化特征研究》《基于改进遥感蒸散模型的西南地表蒸散研究》《近20年西南地区地表蒸散与干旱时空变化特征》等论文,并获得实用新型专利授权一项。

　　本书是在国家自然科学基金"基于多源数据的西藏高原积雪深度网格化模拟研究"(42065008)、四川省科技厅重点研发项目"基于蒸散的四川省农业干旱监测与水资源利用效率评价研究"(2021YFS0328)、四川省科技支撑计划项目"线性双源遥感蒸散模型的改进及其在四川省农业蒸散与干旱监测中的应用"(2015NZ0034)、四川省教育厅重点项目"西南地区近20年地表蒸散与干旱时空分布及变化趋势研究"(14ZA0164)等项目资助下,基于多年积累的研究成果完成的。

　　本书的学术思想主要由柳锦宝副教授提出,并作为主要撰稿人完成了框架设计、主要内容编写及全书的统稿工作;于静、何政伟、姚云军、孙艺琳、梁芳五人参与各章内容编写并负责全书数据处理、图表绘制、文字校对和修改完善等工作。其中,柳锦宝、于静负责第1、2、5章编写;柳锦宝、何政伟负责第3章编写;柳锦宝、姚云军负责第4章编写;柳锦宝、孙艺琳负责第6章编写;柳锦宝、梁芳负责第7章内容编写。此外,借此图书出版之际,谨向刘志红教授、冯文兰教授、杨华副教授、卢晓宁副教授等专家对研究工作的支持与指导表示衷心的感谢！

　　尽管我们已经在地表蒸散以及干旱监测等方面开展了诸多研究，但由于研究的阶段性、蒸散模型的复杂性，不同下垫面类型的蒸散以及干旱特征研究还有待深入，不足之处在所难免，恳请研究同仁和读者批评指正，以便后续修订，更好地促进地表蒸散的科学研究。

作者

2021 年 11 月 15 日

目　录

第 1 章 绪 论

1.1 研究背景及意义

1.1.1 研究背景

据 IPCC(政府间气候变化专门委员会)第五次评估报告分析,全球温度呈现出不断上升的变化趋势,在过去 130 a 间全球平均温度上升了 0.85 ℃,陆表的升温速度要快于海洋,纬度较高地区快于纬度较低地区,尤其高纬度地区冰雪融化速度在加快,且冬半年的升温速率也较夏半年显著得多(沈永平 等,2013)。1983—2012 年是过去 1400 a 来最热的 30 a。与全球变暖趋势一致,中国近百年来升温速度也在加快,相关数据显示均温已上升了 0.91 ℃,尤其近 60 a 表现最明显。有关气象专家测算,我国的平均温度正以每 10 a 上升 0.23 ℃ 的趋势发展,这一数值为全球的 2 倍,整体形势不容乐观。地表的持续升温加剧了地表蒸散,致使全球多地出现干旱。

土壤吸水能力是制约陆地系统尤其是陆表植被覆盖度的重要因子,当植被体内水分达到平衡时,植被按需吸收充足的水分并通过叶片蒸腾到大气中去,一旦有干旱出现,植被所含的水分就会蒸发,原有的平衡被打破,植被因无法获得充足的水分使叶片干枯、凋零,继而植物的光合有效性随之降低,导致蒸腾速度下降,从而造成植被长势变差、农作物产量降低。由此可见,蒸散发是水分循环的重要环节,其能够提供较多与地表水分变化相关的信息。蒸散不仅维持了地球表面水分平衡,是地球陆表水分平衡的重要组成部分,而且还在维持地球表层能量平衡方面起到重要作用。

许多研究发现,土壤中的含水量、区域性气象条件、植被覆盖度等因素会影响蒸散的时、空分布状况(冯起 等,2009)。由于陆地表面的蒸散均发生在较大空间尺度上,所以针对局部地区的研究思路难以在较大区域上发挥效用,致使干旱研究存在一定困难。但是,伴随着科学技术的进步特别是遥感技术的深入应用,尤其是 20 世纪 70 年代后期热红外遥感的广泛使用,使区域尺度的地表蒸散遥感模型研究快速发展。在热红外遥感使用过程中,人们不仅可以利用热红外波段得到陆表温度,还可以从其他波段获取地表覆被等参数变量,这在一定程度上为地表蒸散反演提供了帮助。基于有效的技术手段,许多学者提出了大量且能准确地估算地表蒸散的遥感模型,这使得蒸散发的研究从局部区域走向大区域成为可能。

除以上气候变化以及技术发展的背景外,四川省"十年九旱"的干旱事实也要求我们必须开展四川省的地表蒸散以及干旱研究。四川省长期遭受旱灾影响,2~3 a 就会有大旱发生,春旱夏伏秋旱相连也偶有发生,影响范围以及造成的经济损失都较大,尤其是发生在 2006 年和 2009—2010 年的旱灾,不仅使四川省的社会经济遭受严重损失,也对人们的正常生产生活造成了巨大影响。2006 年,川东地区各市均发生了重大旱灾,几千万人在这场旱灾中遭受损失;高达 1537 万人和 1632 万头牲畜因干旱饮水困难,相关数据估算干旱使农业受灾面积超过400 万 hm²,给四川省粮食生产造成了严重影响。而发生在 2009—2010 年的旱灾影响范围更广,西南地区相继发生了秋、冬、春连旱,这场旱灾是历史上较为严重的一次,据统计,受灾人口达 5100 万,农业受灾约为 636.9 万 hm²,同时多地因缺水林木枯死也时有发生,实为历史罕见。综合以上背景,开展四川省的蒸散与干旱研究是非常必要且迫切的。

1.1.2 研究意义

蒸散的监测具有重要的实用价值和科学意义,为了获取蒸散,需要对地球能量平衡过程和表面水分进行动态监测和模拟。因此,准确估计地球表面蒸散在分析水资源的利用和变化现状,对于提高水文、农业干旱监测水平,完善全球气候变化评估和农业生产管理等方面具有重要的参考作用。而干旱则是人类面临的最主要的自然灾害之一,也是对我国农业生产和人民生活等造成严重影响的灾害,其具有发展速度慢、持续时间长、影响范围广和危害严重等特点。

无论从理论层面或是实践层面,探索陆地蒸散和干旱变化对于人们了解能量循环、水循环和全球变化都具有非常重要的作用。基于能量和水分平衡理论,构建与改进传统的遥感蒸散模型,从蒸散变化与干旱发生角度描述蒸散干旱指数,为四川省的地表水分变化、旱灾预防和农业科学灌溉提供决策依据和技术途径,从而为促进社会经济发展提供有力支持。

1.2 国内外研究进展及存在的问题

1.2.1 地表蒸散遥感监测研究进展

在全球陆表研究中,应充分考虑蒸散发,它不仅是重要的遥感模型参数,也是能够了解植被和土壤含水量的重要途径,准确估算蒸散,有助于了解各地区的水分平衡。如今,全球温度上升不断加剧,极端的气候事件时有发生,人们受到多种灾害困扰。全球变暖会在一定程度上引起水循环发生变化,使水资源时空分布的不均匀性增大,并对气候的干湿状况和水资源的供需平衡产生影响(吴燕锋 等,2017)。因此,深入认识区域尺度的地表蒸散状况,了解局部区域的水分变化状态对于开展全球范围的干旱监测具有显著意义。与此同时,蒸散作为全球陆地生态系统一个重要组成部分,它对全球水循环、能量循环和碳循环都起着重要的作用(Priestley et al.,1972;Turner,1989;Wang et al.,2008)。而与蒸散紧密相关的另一自然现象——干旱,它是一段时间内水分亏缺的结果(Robeson et al.,2008)。近年来,随着遥感技术的飞速发展,利用卫星影像已可以反演越来越多的地表特征参数,使得估算大区域蒸散成为可能(何慧娟 等,2015)。目前,全球陆地蒸散和干旱化趋势一直是人们关注的焦点问题,这主要是因为尽管估算蒸散和监测干旱的方法很多,包括气象、水文、遥感等方法,但是过去几十年来全球蒸散(潜在蒸散和实际蒸散)和干旱变化过程以及变化结果一直存在很大争议。对这些问题的分析与解决将是一个重要的研究课题。

随着全球变暖趋势的加剧,全球陆地降水量、土壤水分等都发生了较大变化,导致全球不同区域蒸散和干旱状况变化显著(Huntington,2006)。不过与人们期望相反的是,随着温度的上升,全球很多地区蒸发皿观测的蒸发呈现下降趋势(Peterson et al.,1995;Brutsaert et al.,1998;Thomas,2000;杨建平 等,2003;Liu et al.,2004;Tebakari et al.,2005;王艳君 等,2005;Xu et al.,2006;王佩 等,2008;刘敏 等,2009;庄晓翠 等,2009;荣艳淑 等,2011;周倜 等,2016;祁添垚 等,2015;肖宇 等,2017)。很多学者利用气象数据去解释这种原因。其中,Peterson 等(1995)、Roderick 等(2002)认为云的影响和气溶胶增加造成了太阳辐射的减少,这是北半球潜在蒸散减少的主要原因。Chattopadhyay 等(1997)认为由于空气湿度的增大引起水气压差的减小或许是造成蒸发皿蒸发减少的根本原因。有学者指出太阳辐射和风速的降低能够有效解释潜在蒸散的降低(Cohen et al.,2002;Gao et al.,2006)。刘昌明等(2011)以 47 a 的气象资料为研究数据,使用 P-M 公式估算全国各区域的地表蒸散,主要说明蒸散发与各气候因子的响应关系,同时进行流域分区,以便说明流域的差异,即各区域蒸散发的大小受不同气象因子的影响。而马雪宁等(2012)对影响黄河流域地表蒸散的气象因子进行分析,以 51 a 间的 72 个站点为研究数据,主要说明降水以及温度等因素对蒸散发的影响,结果表明,对于黄河流域而言风速的减小是主因,多年风速下降致使地表蒸散量减少。田义超等(2015)提出最初对于蒸散的反演时,主要基于气象学中的"点"尺度、样地尺度或景观尺度进行蒸散观测,如蒸发皿、蒸渗仪、鲍文比法、涡度相关法、土壤水量平衡法以及大口径激光闪烁仪等。杨允凌等(2013)对邢台地区也开展了相应研究,分析发现该地区蒸散的减少不仅与风速有关,同时也与温差以及日照的减少有关,说明影响蒸散量的因子具有多样性。张婷婷(2013)对湘江流域影响蒸发皿蒸发量的气象因子进行分析,发现近年来湘江流域蒸发量呈现下降趋势,尤其下游下降趋势比较明显,主要是受到风速的影响,此外,流域饱和差的下降对蒸发量的影响也较大,且存在着正相关。周倜等(2016)通过对遥感反演水热通量模型的研究,提出这方面的研究得到了快速发展,已经逐步与其他方法交叉融合;研究中主要解决了两大问题:一是下垫面阻抗参数的计算,阻抗的计算方法很复杂,涉及地表粗糙度等因素,为此也发展了很多的参数化方案;二是模型使用的温度问题,主要包括两个方面,首先是单源模型使用遥感表面辐射温度代替空气动力学温度计算显热通量,其次是使用组分温度结合双源模型分解源汇。董煜等(2015)在对新疆地区的蒸散研究中表明,过去十年中国的整体蒸散发量处于下降趋势,但由于地区的变化及其成因造成了区域差异。王鹏涛等(2016)在研究中指出,潜在蒸散量采用气象数据结合 P-M 公式或者蒸发皿蒸发量实测数据进行估算,研究方法比较成熟,数据获取方便,一直是蒸散研究的热点。祁添垚等(2015)以青海地区的 40 多个站点的数据为研究对象,分析近 50 a 的气候变化特征,并对青海省的生态功能分区的蒸发量展开分析,建立气候因子与蒸发量变化的联系。结果表明:分别有不同的气候因子影响青海省各生态分区的蒸发量。贺广均等(2015)利用遥感获取的植被指数和地表温度信息,进行地表能量和水分平衡过程研究,结果表明:近年来,应用遥感数据反演地表蒸散已经获得了长足发展,但问题仍然存在,主要集中在两方面,一方面,地表蒸散实测数据极其缺乏,无法有效验证遥感蒸散模型的精度;另一方面,研究中使用的多数地表蒸散反演模型都以地表实测参数为基础数据,如气象要素数据以及植被高度等。吴霞等(2017)基于气象站点逐日气象资料,利用 P-M 公式得到各站点逐日蒸散量,以全国和各干湿气候区为研究单元,分析蒸散时空分布特征及其变化成因,结果展示出 1961—2015 年中国蒸散量减少的原因主要是由于风速、日照时数和水汽压,而 20 世纪 90 年代以后蒸散量的增加主要是受水汽压、日照时数和最低气温共同影响。陈东东等(2017)对四川省潜在蒸散量变化以及气候影响因素分析,利用四川省的气象资料,采用 P-M 公式分区域进行计算,并对主要气象因子平均气温、相对湿度、日照时数、平均风速的相对变化率、敏感系数对蒸散发量的贡献率进行分析得出:平均风速和相对湿度是影响四川省蒸散发最主要的因素。严坤等(2018)以岷江源区为研究对象,基于月尺度的参考作物蒸散发公式,结合模型对岷江源地区参考作物蒸散发量变化进行预测,发现亚寒带湿润区气温是影响参考作物蒸散发的主要因子,它可以综合其他气象因子的信息对蒸散发产生影响。除以上研究区域外,在全国其他地方也有学者开展了相应研究(崔亚莉 等,2005;陈添宇 等,2006;刘树华 等,2006;李星敏等,2009;刘冲 等,2016;张圆 等,2016;王丽娟 等,2016),包括西南、西北、华南、华北等地,不同地区影响蒸散发的因子各有不同,温度、风速以及日照时数等都对蒸散量的多少有至关重要的影响。所以,在本研究中,将充分结合地形地貌特征以及气候因子展开讨论,充分考虑各气象因子对四川省地表蒸散的影响,并重点研究主导因子的变化特征。

考虑到陆地实际蒸散对土壤湿度的依赖,实际蒸散的值相对于潜在蒸散值要小很多。实际蒸散受到太阳辐射、空气温度、雾/霾强度以及陆表的植被等各种因素制约。因此,实际蒸散的估算要比潜在蒸散复杂(Arnell et al.,2001)。目前尽管有大量的地表实际蒸散估算方法,包括水文模型、气象模型以及遥感模型等,但是每种模型和方法都有自己的适用条件和优缺点,估算蒸散的精度也各不相同。即使很多模型使用条件相同,模拟的结果也相差很大。针对全球陆地近几十年蒸散变化趋势而言,存在增加、减少和不变三种不同观点。到底哪种结果正确,就目前看来还是不能准确判断。然而,很多学者研究表明:近几十年来全球陆地很多区域蒸散是具有增加趋势(Brutsaert et al.,1998;Milly et al.,2001;Golubev et al.,2001;Linacre,2004;Gao et al.,2007;Wang et al.,2008;张方敏 等,2010;尹云鹤 等,2012;田静 等,2012;杨秀芹 等,2015;王鹏涛 等,2016)。其中,Brutsaert 等(1998)研究认为蒸发皿蒸发和实际蒸散呈现出变化趋势相反的特征,可用二者存在互补的相关关系(pan evaporation paradox)来解释陆表蒸散的变化状况。Serreze 等(2003)通过分析加拿大马更些河(Mackenzie River)流域的降水数据和气候模式模拟的蒸发数据得出 1960—1998 年蒸散的增加率为 0.25 mm/a。Gao等(2007)利用中国 686 个气象站点数据和修正的水分平衡方法估算了 1960—2002 年中国蒸散变化趋势,结果显示华北西部和北部地区实际蒸散都增加了。刘波等(2008)使用新疆地区近 46 a 的 109 个站点的蒸发皿数据及不同陆面模型的模拟结果,对蒸发皿蒸发状况进行了具体分析,并就其模拟的实际蒸发的年际和季度的变化特征进行详细说明,同时也对蒸发皿蒸发以及实际蒸发的相应关系展开了讨论,研究发现,新疆地区的蒸发皿蒸发和实际蒸发存在互补的相关关系。近 45 a 来,实际蒸散表现出了明显的上升趋势。邴龙飞等(2012)通过对 NO-AH 模拟的近 30 a 中国陆表蒸发量和土壤含水量展开了相应研究,结果表明,中国陆表的蒸散量总体呈增加趋势,全年中 7 月蒸发量最大,而 1 月和 12 月则蒸发量较小。郝振纯等(2015)使用 30 多年的气象数据对雅鲁藏布江区域展开研究,主要采用平流-干旱(AA)模型,在 VB 平台中计算得到逐日实际蒸散量,结果显示雅鲁藏布江地区实际蒸散量是在不断升高的,变化率为 8.97 mm/10a。王鹏涛等(2016)利用 MOD16 蒸散数据,使用统计方法对陕甘宁黄土高原区近 13 a 的陆表蒸散情况进行分析,结果表明 2000—2012 年蒸散量迅速上升,在 2003 年时达到了顶峰,为 378.6 mm,之后便处于减小的趋势,一直持续到 2006 年,在 2006 年之后略有升高,但趋势较缓。其他很多学者的研究也支持了全球很多区域蒸散具有增加趋势的观点(Fernandes et al.,2003;Linacre,2004;Brutsaert,2006)。众多学者对陆表蒸散的研究虽表现为增加趋势,但减少趋势在个别区域依然存在(杨秀芹 等,2015;阿迪来·乌甫 等,

2017),杨秀芹等(2015)应用遥感技术对淮河流域 MOD16 ET 数据进行精度验证,并分析了近 15 a 淮河流域蒸散发在时空尺度上的变化情况。结果表明近 15 a 淮河流域内的平均实际蒸散量为 531.7～634.0 mm,并且存在不显著的减少趋势。阿迪来·乌甫等(2017)结合 MOD16 蒸散产品数据和气象站实测数据,针对 2000—2014 年新疆地区地表蒸散发的时空分布特征及其变化趋势进行分析,结果表明,植被覆盖程度对蒸散发的影响很大,潜在蒸散和实际蒸散的空间分布状况相反,ET、PET 的月变化特征呈先增大后减少的单峰分布趋势。

1.2.2　干旱监测遥感监测研究进展

Heim(2002)鉴于对干旱研究的角度和侧重点不同,认为目前世界上没有一个统一的干旱定义可以充分表述干旱的强度、持续时间、危害以及对不同人群的潜在影响。Palmer(1965)提出干旱是指长时间异常的水资源短缺;Heddinghaus 等(1991)认为干旱是区域较长时间内的水资源短缺现象;国际气象界则认为干旱是某地由于降水短缺而引发的水分亏缺现象;我国的气象部门将干旱定义为因地表水分在收支以及供求不平衡等方面导致的长时间缺水状况。美国气象学会通过总结已存在的多种干旱定义,将干旱区分为四类:气象干旱(某区域内长期的缺乏降水以及降水存在显著的短缺)、农业干旱(一定时期内地表没有水分供给,此时农业生产受到限制,严重时导致农作物绝收)、水文干旱(在一定时期内,由于降水较少,致使整个水系处于亏缺状态)、社会经济干旱(由于水资源在时空分配上不均致使经济活动受限)。

气象干旱是由于一段时间的干燥天气造成水分缺乏,引发了严重的水文不平衡,通常以降水作为主要指标,若降雨量持续低于某一正常值则认为干旱发生。

水文干旱一定程度上侧重地表以及地下水的短缺,通常是说特定时段内一定面积可利用水资源的缺乏,一般当河川径流低于某一正常阈值时发生的干旱。目前,已研究出了许多指数、指标用于监测水文干旱,包括水文干湿指数以及最大供需比指数等。

农业干旱一般发生在农作物的生长发育期,由于土壤中含水量过低,导致作物不能适时得到水分补充,无法正常生长,最终导致农作物产量下降。这类干旱涉及的影响因素更广,不仅包括土壤、作物、大气,而且还包括人类利用资源的方方面面,因此,农业干旱被认为是四类干旱中最复杂的一种。其中农业干旱发生过程不仅是物理过程,同时也是生物过程和社会经济过程。按农业干旱形成机理的不同还可将农业干旱分为:(1)土壤干旱:土壤中的水分无法满足农作物生长过程中的根系吸收,同时也无法支持植被的正常蒸腾所发生的干旱。通常指植株因缺水无法正常生长,甚至死亡,危害性较大。(2)生理干旱:一般指植物由于水分生理方面的因素致使不能获取到土壤提供的水分而导致的干旱,这种情况下土壤不缺水,而是其他不良土壤状况或根系自身的原因导致了植物吸水困难。土壤盐碱以及低温等都会造成生理干旱。(3)大气干旱:指大气温度过高且降水量较少,致使相对湿度偏低,使农作物大量蒸腾却无法得到有效补给,引起植株水分失调,造成干枯甚至死亡。

社会经济干旱是随着社会经济的发展,需水量日益增加,开始以水分影响生产、消费活动等来描述干旱。社会经济发展对水的需求表现在各个方面,包括生产用水、生活用水以及农业用水等。

就以上四类干旱而言,气象干旱是基础,一般通过其他三种形式体现出来。

干旱与蒸散密切关联,是在一段时间内降水偏少的气候环境下,形成的一种土壤含水量严重亏缺的灾害。有些气候专家研究表明,随着 CO_2、CH_4 和其他温室气体浓度的升高,引起全球变暖,造成土壤中更多的水分损失,从而加剧区域的干旱,特别是在全球中纬度地区干旱更为严重(Wetherald et al. ,1995;Seneviratne et al. ,2002;杨永辉 等,2004;陈权亮 等,2010;朱业玉 等,2011;田甜 等,2016;潘妮 等,2017;何斌 等,2017;吴燕锋 等,2017)。吴泽新等(2009)通过对德州市冬小麦的研究发现,升温以及降水偏少是使其出现越冬期旱灾的重要原因。王素萍等(2010)通过对 2009—2010 年冬季我国各地区干旱研究发现,由于大气环流异常,造成了 2009—2010 年冬季降水显著减少,继而引发全国性的旱灾。当气流下沉运动时,干旱区会出现天晴少雨的天气,而这种气流长时间控制某一地区时,就会出现旱灾。陈权亮等(2010)研究正说明了这一点,经过对 2008—2009 年冬季北方旱灾的研究发现,环流长时间不变,保持某一态势,导致水汽无法正常输送,致使区域性的降水开始减少,进而对土壤含水量产生影响。卢海新等(2010)通过对厦门市同安区的干旱研究发现,大气环流、西太平洋海温场分布及厄尔尼诺等是主导因素,此地区近海,也易受到海洋因素的影响。王莉萍(2010)研究发现,全球的升温以及降水量的不断减少等因素是诱发 2009 年西南地区干旱的主导因素。朱业玉等(2011)总结河南地区的历史旱灾发生主导因素得到,由于降水偏少且时空分配不平衡引发了河南的旱灾,同时,冷、暖气团相对偏弱,无法汇合形成有效降水是旱灾发生的另一重要原因,因此在河南省的干旱治理上,要充分利用水资源,解决水资源的分配问题。刘秀红等(2011)对诱发山西省春旱的原因展开了研究,结果表明,由于盛行风的影响,在春季多受到干冷空气的影响,西南季风带来的水汽难以到达山西境内,无法带来充沛水汽,一段时间的水分亏缺使干旱发生。Dai 等(2004)也认为全球背景下的升温会使地球表层的水分加速蒸散,即使降水会有所增加,但许多地区仍会发生旱灾,即全球干旱地区有所增加。Dai 等(2004)进一步研究表明,20 世纪 70 年代时,遭受严重干旱灾害的地区仅为 10% 到 15% 左右,而 21 世纪初已高达 30%,严重干旱地区面积扩大了近 1 倍,这 1 倍的增加可归因于温度上升而不是降水量的减少,研究中发现同期世界范围内的降水量在上升。Dai 等(2004)还利用全球气候变化模型进行相关研究发现,更多温室气体的释放使得全球的升温加剧,而升温将使越来越多的地区发生旱灾,且相关结果显示"这一全球范围的干旱进程已经趋于开始"。田甜等(2016)基于渭河流域 21 个气象站点实测降水、气温和日照时数数据,分别计算各站点年、季尺度的标准化降水蒸散指数(SPEI),并分析了年尺度 SPEI 的变化趋势性;采用 Mann-Kendall 检验法、累积距平法和有序聚类法对 SPEI 指数进行综合突变检验;研究了渭河流域干旱覆盖面积、中度以上干旱分布特征以及连续干旱分布特征,表明研究区自 1991 年起干旱程度在加剧。潘妮等(2017)评价相对湿润指数(M)、气象干旱综合指数(CI)、标准化降水指数(SPI)和标准化降水蒸散指数(SPEI)四种指数在四川地区的适用性,结果表明 SPEI 最能反映四川省典型干旱年干旱的空间分布特征。何斌等(2017)将通过主成分分析得出的指标按 4 个风险要素(致灾因子的危险性、承灾体的暴露性、环境的脆弱性和地区的抗旱能力)分组;采用层次分析法将每组指标建立判断矩阵,得出干旱指标权重并对判断矩阵进行一致性检验;对每个指标进行归一化处理,每个指标的权重与其对应归一化处理后的值相乘得到 4 个风险要素的分项综合指标;最终通过综合 4 个风险组成要素,得到反映区域干旱风险的综合指标。吴燕锋等(2017)基于北疆的气象数据和综合气象干旱指数,探究了北疆干旱的时空演变特征,结果表明,气候因子对干旱的影响是非常直接的,干旱频次、干旱强度、干旱影响范围的变化在一定程度上能够有效地评价区域干旱的时空演变。因此,在目前人类活动日益加剧的情况下,研究全球陆地干旱程度和空间分布格局变化就显得十分必要。

干旱本身就是一种难以预测且富于变化的自然现象,很难精准地定量衡量。衡量干旱的指数、指标有很多,包括降水量、实际蒸散、土壤湿度指数以及各种干旱模型等(张树誉 等,2010;李兴华 等,2014;郭铌 等,2015;胡龙颂 等,2016)。从水分亏缺角度上讲,土壤湿度无疑是最好的干旱信息参量,但到目前为止,缺乏这方面的观测资料。降水量指标成为气象学者广泛应用的指标,包括 Palmer 提出的 Palmer 干旱指数(如 Palmer Z 指数、PDSI、PHDSI)就是基于降水量的指标建立起来的。其中,Dai 等(2004)通过 Palmer 干旱指数分析降水数据,认为萨赫勒地区降水存在明显降低的趋势。Nicholson(2001)认为近 30 a 来非洲西部降水减少,萨赫勒地区降水减少了 20%~40%。黄刚(2006)通过 ERA-40 的风、陆表气温和水汽等再分析资料研究了中国华北广大地区的干旱状况与气候特征的关系,认为在亚非季风区上空有年代际的季风环流异常遥相关波列,这一波列的存在使得 1965 年以后的华北干旱与北非萨赫勒的干旱化有着密切关联,同时也分析了它们的全球变化背景。相关学者认为标准化降水指数(SPI)充分延伸了干旱的时、空监测尺度,它逐步被各方学者用来研究全球不同地域的干旱演进,不仅可以监测干旱强度,还可以了解发生时长(Heim,2002;李伟光 等,2009)。李剑锋等(2012)运用标准化降水指标(SPI)对新疆的 53 个雨量站 1957—2009 年降水量数据展开详细研究,并对新疆地区的干旱进行等级划分,研究各种干旱等级的空间分异特征;周扬等(2013)使用内蒙古范围内的 47 个地面观测站 1981—2010 年降水资料,以 SPI 作为研究区域的监测指标,重点研究内蒙古地区年度和不同季度旱灾的发生次数、旱灾影响程度和站次比(旱灾发生站数与总站数之比)的变化情况。王莺等(2014)利用甘肃河东 1971—2010 年的逐月降水资料计算 SPI,就不同时空尺度的 SPI 值展开详细分析,并就 SPI 的差异特征进行对比,探讨了SPI 的年代际距平和倾向率的时空变化;Vicente-Serrano 等(2010)经研究提出标准化降水蒸散指数(SPEI),此指数的计算需要用到降水以及蒸散的数据,它在使用中既保留了 PDSI 迅速对温度做出反应的特性,同时又有 SPI 的相应优点,易计算且适用多时空尺度。SPEI 在提出后便被广泛应用。Vicente-Serrano 等(2011)使用 SPEI 指数计算得到了近百年的干旱趋势变化情况,并就世界范围内的旱灾分布展开了详细的分析;除了能够监测干旱范围演进,还能够应用于更广泛的科学研究(Vicente-Serrano et al.,2011;Jaranilla-Sanchez et al.,2011)。石崇等(2012)利用 1947—2006 年逐月全球陆地高分辨率(0.5°×0.5°)标准化降水蒸散指数(SPEI)资料,分析了过去 60 a 东半球(40°S—80°N,20°W—180°)陆地的干旱化趋势和变率、干旱面积变化、干旱事件的持续性和周期性以及可能的变化成因等。熊光洁等(2013)通过 50 多年的降水以及平均温度数据对西南干旱展开研究,并使用新的标准化降水蒸散指数作为干旱等级划分指标,并根据划分的等级分析西南各地的干旱演变状况。刘世梁等(2016)从多尺度研究了云南省 NDVI 和 SPEI 两大指数的时间序列变化规律,利用 SPEI 指数进一步分析了云南省的气候变化情况和干旱发生强度,同时利用 NDVI 分析了研究区域的植被变化情况。刘珂等(2015)通过美国普林斯顿大学高分辨率的世界范围内的陆面同化数据和美国环境中心的辐射再分析资料开展相应的研究,根据 Thornthwaite(1939)和 P-M 公式分别计算了 1948—2008 年中国区域潜在蒸散发量,从而得到两种潜在蒸散数据信息,结合降水资料分别得到不同的标准化降水蒸散结果,经研究发现,两种结果存在一定的差异,就其在中国监测干湿结果使用状况看,不同的 SPEI 指数在我国各地区均有适用性。田义超等(2015)基于北部湾海岸带 2000—2013 年 MOD16 蒸散发(ET)数据和植被类型数据,借助于 Theil-Sen 中值趋势分析、Mann-Kendall 检验以及 Hurst 指数等数理统计方法对海岸带蒸散量的时空变化特征进行定量分析,并在此基础上对蒸散量的未来变化趋势进行预测,结果指出研究区蒸散量未来变化呈持续性减小的趋势。轩俊伟等(2016)基于新疆地区的逐月气象资料,计算得到近50 a 新疆年时间尺度的标准化降雨蒸散指数(SPEI)序列,并利用线性趋势、经验模态分解(EMD)及经验正交函数(EOF)分解等方法,对新疆近50 a 的干旱时间和空间变化特征进行了分析,表明:新疆近50 a 干旱时空变化整体上存在一致性,局域上又具有异质性;从20世纪90年代后期开始,受潜在蒸散量显著增加的影响,新疆地区存在变干的趋势,甚至预示着新疆有可能会重新进入干旱期。

许多学者利用不同传统的蒸散模型和不同的数据(包括气象数据、水文数据、地面实测数据等)开展全球尺度蒸散估算和干旱监测,来分析几十年的蒸散和干旱变化趋势(Brutsaert et al. ,1998;Walter et al. ,2004;Su et al. ,2006;Gao et al. ,2007;Wang et al. ,2008)。Pinker 等(2005)利用国际卫星云气候计划(International Satellite Cloud Climatology Project,ISCCP)D1 数据来分析 1983—2001 年全球太阳短波辐射的变化趋势,发现全球陆地的变化趋势为每年减少 0.05 W/m²。Zhang 等(2009)采用 GEWEX、GIMMIS、MODIS 以及 NCEP 数据分析泛北极海盆和阿拉斯加区域 1983—2005 年的蒸散量,其变化趋势为每年增加 0.38 mm。

1.2.3　地表和干旱遥感监测研究中存在的问题

经过几十年的发展,遥感在干旱监测和蒸散估算方面已经具有非常重要的影响力。但是,蒸散估算与干旱监测是一个非常复杂的问题,遥感在蒸散估算以及干旱监测中面临许多问题。主要表现在以下三点:

(1)许多物理遥感蒸散模型需要过多参数和陷入病态问题。利用遥感数据估算地球表面蒸散时,许多物理蒸散模型需要参照风速和温度等气象要素,但是这些数据难以通过遥感采集的方式获取,通常是基于所在的气象站和生态站进行观测,从而限制了遥感方法的应用和发展领域。而很多过于简单的遥感经验蒸散模型精度又不能满足需要,而且地域可推广性较差。此外,表面来看地球是一个开放且复杂的大系统,未知参数几乎是无限的,但遥感数据却是有限的,使遥感估算地表蒸散陷入病态问题。因此,探讨既有物理基础又具有可操作性的遥感蒸散模型,进而开展干旱监测是非常必要的。

(2)侧重于干旱状态监测,基于能量和水分平衡的干旱过程监测较少,影响了干旱动态监测。以往的基于遥感的干旱监测模型只注重通过地物的反射或辐射特性了解地物,通常都是基于植被指数和温度指数的干旱状态监测研究。干旱的最终发生都是因为水分的亏缺引起的,地表生态系统中土壤、植被、大气等诸多因素之间的能量和水分变化在不同的干旱发生过程中相差较大,而干旱状态监测正好忽略了能量和水分的过程变化。因此,研究水分亏缺的动态变化,从地表能量和水分平衡角度来理解地表干旱的发生和发展过程,进而构建干旱监测模型,才能高效精准地提高干旱监测。

(3)陆地蒸散和干旱变化过程以及结果的不确定性。陆地蒸散和干旱化趋势一直是人们关注的焦点问题,这主要是因为尽管估算蒸散和监测干旱的方法很多,包括气象的、水文的、遥感的等方法,但是过去几十年内通过各种方法得到的蒸散(潜在蒸散和实际蒸散)和干旱变化过程以及变化结果一直存在很大争议,存在着不确定性。干旱本身就是一种复杂的自然现象,很难精准地定量衡量,使得干旱成因与变化过程的研究成为困扰人们的一个重要科学难题。

针对上述问题,本研究将基于能量和水分平衡理论,构建与改进传统的遥感蒸散模型,从蒸散变化与干旱发生角度描述蒸散干旱指数,利用遥感数据和气象站点数据进行四川省近15 a 的蒸散估算与干旱监测,并利用传统的干旱产品分析干旱监测效果,进一步探讨四川省的地表蒸散和干旱变化趋势,分析蒸散与干旱变化的原因,为四川省的地表水分变化、旱灾预防和农业科学灌溉提供决策依据和技术途径。

1.3 研究内容和技术路线

1.3.1 研究内容

研究主要内容为:

(1)建立混合型线性双源遥感蒸散模型

模型是利用遥感手段估算蒸散的重要方法,模型的复杂程度将影响遥感数据的精度和可操作性。遥感蒸散模型近几十年来经历了一个由简至繁的过程,最初的经验模型已经逐步发展为如今的具有物理意义的机理模型。然而无论是纯经验简单模型或是纯物理机理模型,都存在一些明显的缺陷,简单经验模型易用但是区域可推广性较差,物理模型机理明确可推广性好,但是所需参数多,很多情况下可操作性较差,鉴于此,本研究将结合这两种模型提出混合型线性双源遥感蒸散模型,并对新建模型进行验证与分析。

(2)四川省近 15 a 蒸散估算与变化趋势分析

地表蒸散估算准确与否是检验遥感蒸散模型的重要手段,使用修正的混合型线性双源遥感蒸散模型反演实际蒸散,此模型简单、易操作;同时利用 Hargreaves 公式估算潜在蒸散,由得到的蒸散结果分析蒸散的时间以及空间变化趋势,并对造成此种趋势的具体原因进行简单分析。本研究将采用近 15 a 的气象站点数据和 MODIS 的 NDVI 产品以及实际蒸散产品数据,结合混合型线性双源遥感蒸散模型和 Hargreaves 公式分析四川省的实际蒸散和潜在蒸散的变化趋势。

(3)定义蒸散干旱指数并进行四川省干旱监测研究

蒸散的变化与地表干旱具有非常密切的关系。对地表蒸散的估算是进行干旱监测的基础,本研究通过定义蒸散干旱指数(EDI)为 1 减去实际蒸散与潜在蒸散的比值,把地表蒸散、干旱以及土壤含水量的关系联系起来。分析了四川省近 15 a EDI 值的时空动态变化趋势,并结合EDI、PDSI 和 TVDI 的变化趋势对干旱变化的原因和结果进行初步探讨,进而实现干旱监测。

(4)四川省地表蒸散发布系统的构建

在 WebGIS 技术支持下,将四川省的地表蒸散数据实现网络发布,该系统较原有的文献管理手段更加先进,且易于管理,在可操作性以及时效性上都有较大进步。通过该系统可以将地表蒸散反演数据以图的方式显现出来,便于用户查询,使地表蒸散数据实现可视化;此外,地表蒸散发布系统可用于各种客户端,实现多样的地图操作,同时对于有需要的用户,可以实现下载以及打印地图等功能,能够让用户快速方便地获得四川省地表蒸散变化情况,为广大用户和管理部门提供服务,尤其为农业生产以及农业灌溉提供建设性的指导意见。

1.3.2 技术路线

基于开展的相关研究,拟采用的技术路线如图 1-1 所示:具体研究思路为:(1)数据搜集与空间数据库的建立;(2)建立混合型线性双源遥感蒸散模型;(3)定义蒸散干旱指数,并基于此指数进行四川省干旱监测的相关研究;(4)基于混合型线性双源遥感蒸散模型的四川省近15 a蒸散变化特征分析;(5)基于定义的蒸散干旱指数对四川省近15 a的干旱演变状况展开详细研究,并对多种干旱指数进行比较分析;(6)构建四川省地表蒸散发布系统。

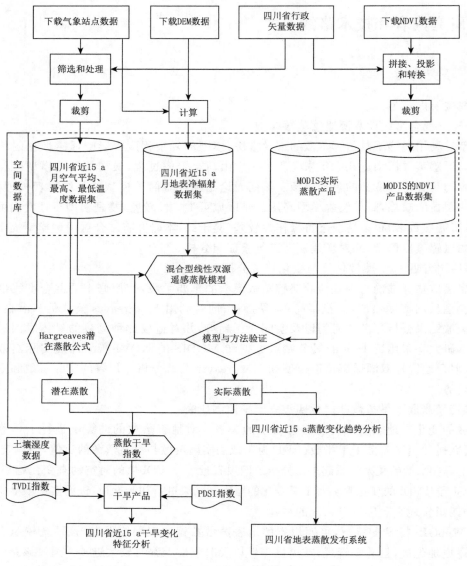

图 1-1　技术路线图

1.3.3　研究方法

(1)搜集四川省近15 a的气象站点数据,MODIS的NDVI产品以及地表实测土壤湿度数据,分别进行处理,同时通过计算获得近15 a的净辐射数据,基于所获取的数据构建空间数据库,为后期的研究奠定基础。

(2)基于简单线性双源遥感蒸散模型,把地表看作是植被和裸土两部分组成,引入经验参数,构建混合型线性双源遥感蒸散模型。从全裸土和全植被两种状况下的蒸散影响因子角度出发,指出该模型的物理意义,并通过实测数据对该模型的精度进行验证分析。

(3)定义蒸散干旱指数(EDI),把地表蒸散、干旱以及土壤含水量联系起来,实现干旱监测。为了验证 EDI 反映地表干旱状况的有效性,选取不同深度的土壤含水量进行验证,分析 EDI 与土壤含水量的相关关系。

(4)结合混合型线性双源遥感蒸散模型和蒸散干旱指数(EDI)分析四川省的潜在蒸散、实际蒸散、EDI 和 PDSI 的变化趋势,并对蒸散和干旱的变化原因和结果进行初步探讨,进一步验证混合型线性双源遥感蒸散模型在四川省干旱监测中的可行性。

(5)基于 ESRI 公司的 WebGIS 平台 ArcGIS Server,设计并构建了四川省地表蒸散发布系统,在空间模型服务等技术的支持下,实现对四川省地表蒸散信息的共享与发布展示。

1.4 创新点评述

(1)建立既有物理基础又有可操作性的混合型线性双源遥感蒸散模型

根据地表能量平衡原理和线性双源蒸散模型,从影响蒸散的关键物理参数角度出发,提出混合型线性双源遥感蒸散模型。

(2)突破传统干旱状态监测方式,从能量和水分平衡角度分析基于蒸散过程的干旱监测

针对干旱发生与蒸散的关系,定义了蒸散干旱指数(EDI),分析 EDI 与土壤不同深度有效含水量的关系,论证通过 EDI 进行干旱监测的可行性。

(3)结合混合型线性双源遥感蒸散模型,初步探索四川省近 15 a 蒸散和干旱的变化趋势

结合混合型线性双源遥感蒸散模型,分析四川省近 15 a 陆表蒸散和干旱的变化趋势,验证新方法在分析长时间序列蒸散和干旱变化趋势中的可行性。

(4)构建四川省蒸散发布系统,及时监测干旱趋势

基于 WebGIS 技术的支持,将四川省的地表蒸散数据实现网络发布,该系统的查询功能较原有的文献管理手段更加先进,且易于管理,具有良好的可操作性和更加优化的时效性。该系统首先基于空间模型服务,在 GIS(地理信息系统)服务器下运行各种 GIS 模型,可直接向客户端返回运行结果,解决了数据处理繁琐的缺点;其次,该系统结合互联网优势,和传统的系统相比能够更加方便快捷地实现数据共享;最后,该系统脱离了桌面系统的安装以及配置,可直接通过浏览器运行系统,更加高效便利地实现了蒸散数据的实时发布和展现。

第 2 章　研究区概况及数据源

2.1　研究区概况

四川省地理条件优越,不仅是沟通我国西南和西北的通道,同时也是我国与周边邻国尤其是中亚地区相互经济交流以及政治互访的交通枢纽,是我国极其重要的经济交流中转站。四川省下辖 21 个市(州)183 个县(市、区),面积 48.6 万 km²,在我国各省(区、市)面积中排列第5。四川省有多个民族定居生活,包括藏、汉、羌、彝等,由 2017 年的统计数据可知,四川常住人口达到 8302 万,此外,四川省的物产丰富,在古代便有“天府之国”的美誉。

2.1.1　地理位置

四川省位于 97°21′—108°33′E、26°03′—34°19′N,其东西绵延 1075 km,南北跨 921 km。周围与其他 7 个省(区、市)相连。东面紧邻重庆,北面与青海、甘肃、陕西相接,南面与云贵相连,西面则与西藏交界,是重要的交通枢纽(图 2-1)。

图 2-1　四川省区位图

2.1.2 地形地貌

从我国地理分区来看,四川省地处西南部,是一个地貌类型复杂多样的省份,高山盆地均有分布,且在海拔高度上存在巨大的落差,由于其处于青藏高原东缘,地势上呈现出明显的西高东低。四川省的海拔最高点位于贡嘎山(7556 m),其地形以高原盆地为主,龙门山断裂带以天然的屏障将四川省的地形区分出来。这样的地形环境使得四川省的资源异常丰富。

四川盆地周围被高山环绕,是我国四大盆地之一,四川盆地不仅为四川省的经济建设提供了巨大的支持,同时也为中国的经济发展贡献巨大,是我国重要的粮食产区。四川盆地内分布着川内绝大多数城市,近 70%的人口生活在四川盆地地区;相较更广大的川西高原,川东盆地的海拔相对较低,更适宜人们开展生产、生活。

2.1.3 气候特征

四川气候总体特点为气候垂直差异比较明显,由于海拔变化较大,气候类型复杂多样,一定程度上为农、林、牧、副、渔的发展提供了有利条件,但同时也极易诱发各种灾害;四川省东部温度较高,降雨较多,西部则多寒冷天气、降水相对较少,地形的多样性致使川西南的攀枝花以及凉山州和甘孜州的部分地区属于亚热带半湿润气候区,常年气温较高,降水量少于盆地地区,但积温指数较高,因地形为高山,所以云量相对较少,日照时数较多,属于蒸发量较大地区之一。

西北的高原区为高寒气候,气候具有垂直立体分布的特点,长期受到青藏高原的影响,海拔较高、温度相对偏低,年降水量也明显偏少,但日照时数较长,所以年际潜在蒸发量也相对较大。

2.1.4 社会经济

四川省是一个人口大省,至 2017 年末,常住的人口达到 8302 万。近年来随着城镇化水平的发展,四川省的城镇人口已经升至 4217 万,乡村人口 4085 万,四川省的人口城镇率达到了 50.79%。

2017 年,由统计部门发布的数据可知,全年居民人均可支配收入为 20580 元,比 2016 年增长 9.4%;四川省生产总值(GDP)达到 36980.2 亿元,增速为 8.1%。第三产业就业人口不断增加,增长达 9.8%,区域性的产业结构也不断优化,第三产业已经成为地区产值最重要的收入来源,这与国家不断地调整产业结构是密不可分的。伴随着技术的全面升级进步,一批具有自主创新能力的产业园区将在四川省建立,将进一步优化四川省的产业结构。

2.1.5 水资源

水资源是制约我国社会发展的重要资源,据相关部门公布的数据显示,我国人均用水量只有 2400 m³,是全球 13 个贫水国之一。同时,水资源时、空分布不均。就全国来说,超 6 成的降水分布在 6—9 月,时间上分配极不均匀;长江以南的总面积仅占全国的 36.5%,但水资源却占我总储量的 81%,其余地区仅占 19%,空间上分配极不均匀。干旱从根本上是由降水和蒸发的不平衡造成的。干旱虽然是一种自然灾害,但它的发生不仅有自然原因,人类活动等因素也有重要的影响。在自然原因上,由于我国的地域性水资源分配不均,且时间上的降雨也存在巨大差异,这使得农业生产易发生缺水状况,水资源的极度不平衡使我国农业发展面临严重问题,且经常受到自然灾害影响。在社会原因上,由于中国人口总量较大,而水资源匮乏,无法满足人们的正常生活需要;随着工业经济的发展,致使污染多发,众多的水体遭到破坏,使本就匮乏的水资源更为稀缺;森林是天然的蓄水池,近年来随着建筑等行业的迅速发展,大量的林木被砍伐,导致地下水严重下降,且多地因过度开采地下水,致使土地塌陷多发。因此,综合自然与社会原因,水资源需要重点监测,尽早地采取保护措施,以防严重灾害的发生。

四川省的水资源总量大,但在空间分布上极其不均衡,川东地区 75% 的人口仅拥有不到 25% 的水资源总量,即每个人的所有量只有约 925 m³,约为全国人均的 1/3,世界人均的 1/13,远少于国际上划定的 1750 m³ 用水红线。同时,四川省也是一个工程性、地区性、季节性水资源紧缺的省份。因此,由水资源缺乏引发的旱灾时有发生,其已经成为川内最常发生的灾害之一。四川地区一直有着"十年九旱十年灾"的说法,说明了旱灾的易发性以及危害性。旱灾一旦发生,最明显的会出现农作物减产、人畜缺粮、甚至正常饮水也无法满足的情况。当干旱较严重时,会出现牲畜死亡、森林大火,不仅会遭受重大经济损失,甚至威胁人身安全。

全球升温逐步加剧,受其影响极端天气气候事件增多,因此必须提升水资源的利用效率。时至今日,水资源危机已经威胁着世界上许多地区人们的正常生产生活,如果任由我国水资源状况不断恶化,对于干旱的防灾减灾也将带来严重威胁。众所周知,水是解决干旱危机最重要的资源,是人类生产生活必不可少的生命源泉。

2.1.6　自然灾害

四川省处于灾害多发区,受复杂多变的气候环境影响,自然灾害近年愈加严重,常年受到多种灾害的影响,包括旱灾、洪涝以及滑坡、泥石流等。在众多灾害中,旱灾和洪涝的影响范围以及造成的损失最大,自古就有"一涝一条线,一旱一大片"的说法,四川省的旱灾具有一定的周期性和地域性,干旱常见区夏旱的概率占到 80%,春旱和伏旱大致为 70%(王玲玲,2015;张顺谦 等,2012),冬旱和秋旱分别约为 40% 和 20%,常年因干旱而缺水的农田占到全省耕地总面积 60% 以上(《四川省减灾规划纲要(2001—2010)》)。据统计,四川省在 1978 年、1990 年、1994 年、1997 年、2000 年、2003 年、2006 年和 2009 年曾多次受到干旱的袭击,受灾周期在逐渐变短,说明影响越来越严重,易发的旱灾严重制约了四川省农业以及经济的发展。

2.2　数据源

2.2.1　MODIS 产品数据

中分辨率成像光谱仪(MODIS)是一种大型的卫星空间遥感监测设备,MODIS 在世界范围内的气候变化观测中处于至关重要的地位,表现在:(1)地表的覆被演变和全球的生产力测算,进行区域内地表覆被多年变化情况的研究以及生物多样性的变化研究等;(2)对自然灾害进行减灾研究,尤其是干旱、洪涝灾害等,由于无法预测其发生时间,只能通过长期的研究来深入了解灾害的诱发因素以及对人类生产生活的影响;(3)对大气臭氧的变化情况进行全面的观测,了解其演变趋势以及造成这种现象的原因,目前,从获得数据到共享以及最后的应用的整体思路是美国新一代地球观测系统的发展模式,其中对大量数据资料的使用是了解全球环境现状的起点,也是监测全球气候变化的重要手段,所以,应充分使用遥感数据,更加全面地开展研究工作。

（1）MODIS 数据特点

具有较高的空间分辨率。该传感器每 1～2 d 提供地球表面观察数据一次,空间分辨率提高了一个量级;并且,它是目前全球范围内的"图谱合一"的最新一代遥感设备之一,探测器数量达到了 490 个,共遍布在 36 个波段之中。从 0.4 μm（可见光）到 14.4 μm（热红外）全光谱覆盖。36 个波段具有大致三种分辨率。有 2 个是 250 m,5 个是 500 m,剩下的 29 个是 1000 m。2 个 250 m 的分辨率较高,多用于对地的观测中。

具有较高的时间分辨率。MODIS 可每天过境 4 次,这样白天以及夜间交替对地面实行观测,可以对各种突发的或者变化速度较快的自然灾害实现动态的监测,对于应急处理各种自然灾害具有较强的现实意义。例如,森林草原的火灾监测等。

具有综合反映陆地表面信息的特点。利用 MODIS 传感器获取的监测数据可实现对地球表层陆地、海洋、大气以及三者之间相互关系的综合性研究,其数据应用范围极广,数据量较大（约为 AVHRR 同期数据量的 18 倍）。NASA（美国宇航局）免费提供全球的数据资料,而免费的数据获取以及应用研究一定程度上为我国的科学研究提供了巨大帮助,节省了科研经费支出。

（2）MODIS 产品分级

MODIS 数据包括 5 级,分别为（0 级～4 级）:卫星直接得到的为 0 级数据,此级数据不会经过任何处理且保留所有数据;1 级数据指将 0 级数据经过重建,并进行配准定标;2 级数据是在前一级的基础上开发的,它们具有相同的空间分辨率;3 级数据是能够应用于模型计算的数据产品,具有时、空上的一致性;而 4 级数据通常利用分析模型计算得到。

（3）MODIS 数据格式

在数据存储中,除了采用 CCSDS 数据存储方式外,开发了分层次的树结构格式-HDF 以及基于此格式扩展出的 HDF-EOS 格式,在文件层次上可以描述数据特征,且可以存档元数据,元数据中的某些数据可以用于后续的计算。此数据格式一定程度上适用于大量数据的快速存储。

2.2.2　MODIS 产品数据选择

（1）MODND1M 植被指数数据

植被指数一般指通过卫星影像的不同波段数据组合,能够反映植物生长状况的指数。因此,在干旱指数研究中,植被指数占据着较大的比例,通常根据植被的生长状态了解干旱发展情况。不同的植被覆盖度类型可以通过其特有的光谱特征进行区分,正是由于光谱特征的不同组合,发展出了近 40 多种植被指数,一般根据函数形式分为比值型植被指数以及垂直距离型植被指数。

植被-土壤系统较复杂,其反射率是太阳方向、传感器方向、自身结构参数、光学参数等因子的函数,应用植被指数获得相关的植被信息较单通道值更准确。归一化植被指数（NDVI）在遥感影像中是指近红外波段与红光波段的反射之差比上二者之和。它是一种全面反映农作物长势的指数,值域范围为[-1,1],最初由 Tucker 提出,应用后发现监测精度非常好,且适合于长时间尺度的植被生长状态研究。此后,在遥感的监测过程中都会使用归一化植被指数,当然具体的区域使用效果有异,应具体讨论适用范围。尽管 NDVI 在使用中取得了较好的效果,但其自身也有许多不足,包括受土壤影响较大,同时由于其饱和值较低,受大气影响也较大;因此本研究中仅将其作为数据源之一进行干旱指数的计算。

选取地理空间数据云提供的 MODND1M 植被指数产品来研究干旱,此数据的空间分辨率是 500 m,为月合成数据,时段为 2001—2015 年全年数据,共计 180 期。

(2)MODLT1M 地表温度数据

地表温度(Land Surface Temperature,LST)就是陆地表面与空气交界处的温度,当太阳照射地面时,会使地面升温,对此测量得到的温度即地表温度。地表温度主要取决于入射太阳辐射的强度,并与土壤含水量和植被的疏密等有关,通常采用大气校正法、单窗算法、单通道法等来反演地表温度。在应用研究中,单点或者局部范围的地表反演已无法满足全球尺度的研究,作为气候系统的主要因子,地表温度对地表蒸散发以及干旱演进有较大影响。

本研究选用地理空间数据云服务网站提供的 1 km 地表温度月合成产品中的四川地区,时间序列 2001—2015 年全年数据,共计 180 期。

(3)MODIS16A2 蒸散产品

MODIS16A2 是 MODIS 的 4 级数据产品,具有 1 km 的分辨率,是旬、月合成的产品,下载地址为:http://www.ntsg.umt.edu/project/mod16。根据 MOD16 产品数据的组织方式及四川省所在地理位置,选择 h26v05、h26v06 和 h27v05、h27v06 四块数据,涵盖了四川省内近 15 a 的 345 期数据。

2.2.3　中国地面累年值月值数据集

中国地面累年值月值数据集是通过《气候资料统计整编方法(1981—2010)》整编而得到的数据集,它提供了中国基本、基准和一般地面气象观测站数据。数据集是由气压、气温、降水、风等要素气候标准值数据组成。选取其中 2001—2015 年四川省 41 个气象站点的月数据,获取了降水量、月均温、月最高气温、月最低气温、日照时数以及平均水汽压 6 个参数,为后续研究做好数据准备。

2.3　数据处理

2.3.1　MODIS 产品数据预处理

(1)MODIS 产品数据重采样

MRT(MODIS Reprojection Tools)是专门针对 MODIS 数据使用的工具,通过 MRT 工具,使用者可以实现 MODIS 数据的拼接、转换以及投影,并且可根据需要提取相应数据,通过应用此工具进行一系列的数据处理,所得到的数据便可应用于后续的计算中。本研究中所使用的实际蒸散产品数据是通过 MRT 工具得到的,研究区由 4 块 MODIS 影像拼接而成,将坐标系转换成投影坐标,并重采样为空间分别率为 1000 m 的 TIF 格式。

同时,将月合成的中国 MODND1M 植被指数数据和 MODLT1M 地表温度数据进行重采样,进而得到空间分辨率为 1000 m 的四川省近 15 a 各期的 NDVI、LST 影像数据。

(2)MODIS 产品数据裁剪

使用最新的四川省行政边界数据进行裁剪,以此确定研究数据的范围,裁剪中可以利用

ArcGIS 软件实现批量处理,从而提高处理效率。经裁剪得到了四川省近 15 a 同期的 NDVI、地表温度(LST)及实际蒸散(ET)影像数据(图 2-2)。

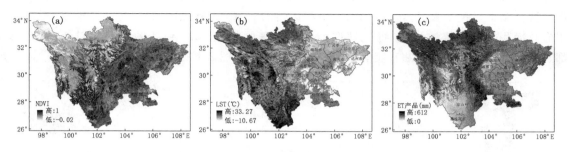

图 2-2　MODIS 数据处理示例

(a)NDVI;(b)LST;(c)ET

2.3.2　数字高程数据及其地貌区划

研究中应用的是 GDEMV2 30 m 分辨率 DEM 数据,这是目前世界上唯一可以覆盖全球范围的高程数据,不仅具有较高的时空分辨率,且易于下载,便于开展地貌相关科研使用。该数据在一级数据的基础上得到很大改进,自 2015 年 1 月 6 日对公众开放使用。对初始 DEM 数据进行拼接镶嵌处理后进行裁剪处理,得到了四川省的 DEM 数据。

四川省较大的海拔高度差异使得植被垂直地带性分异显著,而由于地表覆被的差异较大,旱情状况也不尽相同。因此,为了更好地研究四川省的干旱,将四川省按照不同的海拔分为 6 级。具体的海拔分级如图 2-3 所示。

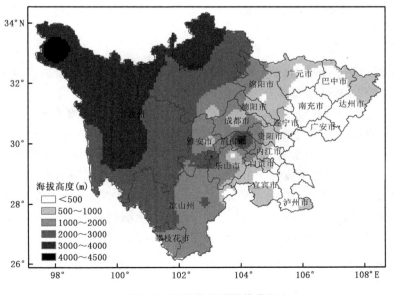

图 2-3　四川省地形海拔分级

　　基于四川省的 DEM 数据,应用 GIS 软件将其划分为 3 个类型区:海拔高于 2500 m 的川西高原区;海拔 1000～2500 m 的川西高原与盆地的过渡带;海拔低于 1000 m 的川东盆地区。川西地区包括阿坝州、甘孜州以及凉山州等地,面积相对较大,占四川省总面积的 50% 以上;而过渡带基本呈现半弧形,包括广元、巴中和达州的北部,绵阳、德阳的西北部等地,面积占四川省总面积的 15% 左右;川东盆地即在半弧形以东的广大区域,包括的城市相对较多,有成都、资阳、内江、自贡、泸州和宜宾等。最终划分的结果如图 2-4 所示。

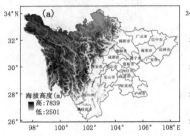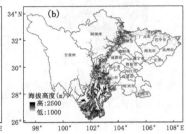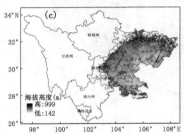

图 2-4　四川省地貌区划示意图
(a)高原区;(b)过渡区;(c)盆地区

2.3.3　气象数据

　　通过中国气象数据网(http://data.cma.cn/site/index.html)下载中国地面气候资料月值数据集。整个数据集包含了全国范围内的 756 个基准站以及自动气象站近 75 a 的资料信息,本研究重点选取 2001—2015 年各月四川省 41 个气象站点数据,获取的主要包括降水量、月均气温、月最高气温、月最低气温、日照时数以及平均水汽压 6 个参数。

　　本节利用中国地面气象站的月数据并且对数据进行筛选处理,筛选出四川省气象站点气象数据,并将筛选出来的数据导入到 ARCGIS 进行插值处理,生成气象要素的栅格数据。

2.3.4　土壤墒情数据

　　土壤湿度可以用来表征土壤所含水分的多少,一定程度上其含水量的多少间接决定了对植被水分的供应量。如果土壤湿度达到一定的低值时,就会使土壤出现干旱,此时植被会受到重大影响,农作物无法进行光合作用;甚至在严重缺水时导致作物凋萎和死亡。土壤类型多种多样,而不同的土壤其含水限值也不同;考虑到不同农作物生长季节不同导致需水量的不同,因此,在干旱研究过程中,要充分考虑土壤湿度的临界值。为验证与分析 EDI 在地表干旱监测中的可行性,通过中国气象数据网下载了四川省的土壤湿度数据进行相关关系分析。土壤监测站点的分布如图 2-5 所示,其中包括 26 个监测台站,且台站全部分布在川东地区;主要是各旬数据,包含 10 cm、20 cm、50 cm、70 cm 和 100 cm 的土壤相对湿度。本研究主要用到的是 10 cm 和 20 cm 的土壤相对湿度。

2.3.5　净辐射数据

　　同一时空尺度的陆表吸收太阳辐射和大气逆辐射与其自身所发射的辐射之差可以看作是净辐射,其在估算地表蒸散的过程中有至关重要的作用。通常净辐射值的准确与否影响着某

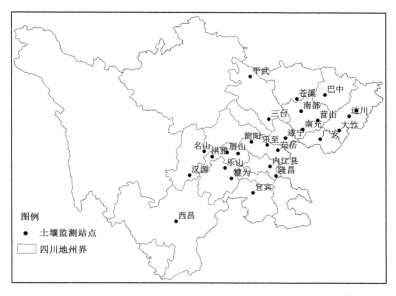

图 2-5　四川省土壤监测站点示意图

一地区作物蒸腾量估算的误差大小,因此,研究净辐射可以实现土壤水分的精确化管理。由于净辐射观测要求较高,许多地区没有净辐射实测值,研究中发现四川地区可以使用的净辐射站点仅有 1 个(表 2-1 位于成都市温江),根本无法应用到具体蒸散发计算中,因此在研究地表蒸散过程中需要对净辐射进行推算(图 2-6)。本研究采用 FAO(世界粮农组织)1998 年推荐使用的 P-M 公式,利用太阳时角、太阳赤纬角和日地距离系数计算太阳辐射值。

$$R_a = \frac{24}{\pi} G_{sc} d_r (\omega_s \sin\varphi \sin(\delta) + \cos\varphi \cos\delta \sin\omega_s) \tag{2-1}$$

式中,R_a 为太阳辐射(MJ/($m^2 \cdot d$)),G_{sc} 为太阳常数(4.92 MJ/($m^2 \cdot h$)),d_r 为日地距离系数,ω_s 为太阳时角,φ 为纬度,δ 为太阳赤纬。

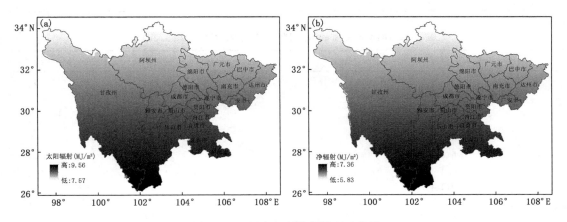

图 2-6　四川省辐射数据处理示意图
(a)太阳辐射;(b)净辐射

$$d_r = 1 + 0.033\cos\left(\frac{2\pi}{365}J\right) \tag{2-2}$$

$$\delta = 0.409\sin\left(\frac{2\pi}{365}J - 1.39\right) \tag{2-3}$$

$$\omega_s = \frac{\pi}{2} - \arctan\left[\frac{-\tan\varphi\tan\delta}{X^{0.5}}\right] \tag{2-4}$$

如果 $X > 0, X = 1 - [\tan\varphi]^2[\tan\delta]^2$；

如果 $X \leqslant 0, X = 0.00001$；

式中，J 为 1 年中的天数，$J = 30.4 \cdot$ 月数 $- 15$（即不区分闰年和平年）

　　利用筛选出的四川省 41 个气象站的平均气温、最高气温、最低气温、平均水汽压、日照时数、四川省 DEM 和太阳辐射，计算出净辐射（图 2-6）。

$$R_n = (1-\alpha)\left(a_s + (a_s + b_s)\frac{n}{N}\right)R_a - \sigma\left(\frac{T_{\max,k}^4 + T_{\min,k}^4}{2}\right)(0.34 - 0.14\sqrt{e_a}) \cdot$$

$$\left(1.35\frac{R_s}{R_{s0}} - 0.35\right) \tag{2-5}$$

式中，R_n 为地表净辐射（MJ/m²）；α 为地表反照率（取 0.23）；R_{s_0} 为晴天作物表层短波辐射（MJ/m²）；R_s 为作物表层短波辐射（MJ/m²）；σ 为斯蒂芬-波尔兹曼常数（4.903×10^{-9} MJ/（K⁴·m²））；$T_{\max,k^4}$ 为月平均最高温度（K）；$T_{\min,k^4}$ 为月平均最低温度（K）；e_a 为实际水汽压（kPa）；a_s 为阴天（$n=0$）地表短波辐射与天文辐射的比例系数；$a_s + b_s$ 为晴天（$n = N$）地表短波辐射与天文辐射的比例系数；n 为实际日照时数（h）；N 为可照时数（h）；R_a 为天文辐射（MJ/m²）；z 为海拔高度（m）。本节取 $a_s = 0.25$，$a_s + b_s = 0.75$。

　　将推算方法模拟的 R_n 结果与四川省唯一的净辐射台站的实测值作对比验证，表 2-2 为 2014 年模拟的 R_n 月值与实测 R_n 月值的相关系数。

表 2-1　四川省净辐射台站实测数据信息表

站　名	纬度（N）	经度（E）	观测年	观测月	净辐射值（MJ/m²）	…
成都市温江	30.45°	103.52°	2014 年	12	55.62	…

表 2-2　2014 年模拟的 R_n 月值与实测 R_n 月值的相关系数

时间	相关系数
2014 年 1 月	0.3210
2014 年 2 月	0.8234*
2014 年 3 月	0.3734
2014 年 4 月	0.6074*
2014 年 5 月	0.6923*
2014 年 6 月	0.7808**
2014 年 7 月	0.6573*
2014 年 8 月	0.7142*
2014 年 9 月	0.8746*
2014 年 10 月	0.6375**
2014 年 11 月	0.7649**
2014 年 12 月	0.2985

注：*、**分别代表通过 0.1、0.05 水平的置信度检验。

　　由表 2-2 可知：模拟的净辐射月值与站点实测的净辐射月值最高相关系数达到 0.8746，除 1 月、3 月、5 月以及 12 月小于 0.5 外，2014 年的其他月份全部大于 0.6，说明模拟值与实测值相关较高，值较为接近，研究中使用的方法能够得到相对准确的辐射值，这对于下一步准确估算实际蒸散非常重要。

第 3 章　线性双源遥感蒸散模型的
改进与精度评价

3.1　遥感蒸散模型概述

应用遥感蒸散模型等先进技术手段估算蒸散发的方法区别于以往的蒸渗仪法、鲍文比-能量平衡法、空气动力学法和涡度相关仪法等。使用遥感方法能够实现区域尺度上蒸散的观测。20 世纪 60 年代后期,遥感技术的发展给区域尺度的蒸散发估算提供了更有效的手段,新技术提供了更简单的方法以及更易获得的数据资料,研究人员开始使用遥感影像来反演地表参数,尝试使用遥感来定量测算研究区的陆表蒸散状况,了解区域性的分布特征,此种定量反演的方法近年来依然被广泛应用。数十年来,遥感蒸散发模型无论是在理论研究或是实际应用方面都取得了较大进步,而模型经过不断改进,已经具备了机理性,能够被应用于更复杂的区域研究中。高彦春等(2008)从模型建构思想与方法入手,系统地总结了国内外遥感蒸散发模型的计算方法;冯景泽等(2012)从遥感模型的计算原理出发,认为遥感蒸散模型在应用过程中会因为气象数据插值的不确定性产生误差;李放等(2014)从净辐射通量和地表与近地面大气层湍流热通量交换的角度进行研究,系统分析了单层遥感模型与双层遥感模型,尤其对模型的适用性等给出了建设性意见。伴随着模型由简至繁的发展,更多的地表参数需要被估算,热红外遥感的应用为更多参数的获得提供了可能。

目前已经存在的许多遥感模型都是在参考地表平衡理论的前提下提出的,能量平衡主要是指地表水分转换的平衡,只有供求状态平衡,农作物才能健康生长。经过数十年的应用发展,遥感模型主要包括两种类型:分别为单层模型和双层模型(刘雅妮 等,2005;乔平林 等,2006),很多学者对模型参数以及适用条件等都进行了深入分析,研究中发现双层模型的优点更显著,除了可以对地表植被条件较好地区进行深入研究外,也能够准确地估算稀疏植被区的陆表蒸散发;且对于遥感图像的具体观测角度等也做了充分考虑。对于单层以及双层遥感蒸散模型公式、适用条件以及相应优缺点等,李放等(2014)给出了较全面的总结(表 3-1、表 3-2)。

3.1.1　实际蒸散模型概述

在生态系统之中,水除了对物质传输起着至关重要作用外,还影响着环境调节;蒸散过程中,水的固、液态变化形式代表了能量的转换,而能量转化是土壤以及植被中的水分经过循环再次回到地表的过程。对能量转换的物理过程进行模拟,计算地表蒸散量是进行旱情监测以及农业灌溉的重要手段。日常应用中,常使用的蒸散模型有两类:一类是实际蒸散模型,另一类是参考蒸散的修正模型。具体的实际蒸散模型计算方程有以下几种:第一,以 P-M 公式为基础的实际蒸散计算方法,裴步祥(1985)在大量试验的基础上,建立了计算实际蒸散的公式;

表 3-1　典型单层模型

模型名称	公式	适用条件	优点	缺点
经验模型	$ET_{24} = [R_{n24} - B(T_{md13} - T_{a13})^n]/\lambda$	多种植被覆盖类型日实际蒸散发	所需变量较少且容易获得，对 T_{md} 和 T_a 的观测精度要求不高	需要进行当地参数化
CRAE(Complementary Relationship Areal Evapotranspiration)	$ET_{24} = 2ET_w - ET_o$	区域尺度实际蒸散发	不需要对特定研究区进行参数化	互补关系理论尚未得到完全证实
$H - T_{md}$ 公式	$H = \rho c_p (T_{md} - T_a)/(r_{ah} + r_{ex})$ $r_{ex} = kB^{-1} = \ln(Z_{om} - Z_{on})$ $ET = (R_n - G - H)/\lambda$	干旱条件下多种植被覆盖类型实际蒸散发	利用遥感辐射温度代替空气热力学温度；通过定义 kB^{-1} 计算剩余空气动力学阻抗 r_{ex}	需要对剩余空气动力学阻抗进行参数化；对 T_{md} 和 T_a 的敏感度高；只适用于晴朗天气条件
SEBAL(Surface Energy Balance Algorithm for Land)	$H = \rho c_p (a\,T_{md} + b)/r_{ah}$ $ET = (R_n - G - H)/\lambda$	均一植被覆盖类型实际蒸散发	气温不参与感热计算，较少的参数，通过内部调整，避免了对剩余空气动力学阻抗的经验性调整	需要对剩余空气动力学阻抗进行参数化；对 T_{md} 和 T_a 的敏感度高；只适用于晴朗天气条件
METRIC(Mapping Evapotranspiration with Internalized Calibration)	$H = \rho c_p (a\,T_{md,datum} + b)/r_{ah}$ $ET = (R_n - G - H)/\lambda$	山区实际蒸散发	综合考虑高程、坡度和坡向对辐射的影响，将模型应用到山区；利用参考蒸散量 ET_r 对每一幅图像进行自校准	
SEBS(Surface Energy Balance System)	$ET = \left[1 - \dfrac{H - H_{wet}}{H_{dry} - H_{wet}}\right]$ $\cdot (R_n - G - H_{wet})/\lambda$	非均匀下垫面实际蒸散发	提出 kB^{-1} 参数化计算方法；像元计算	
S-SEBI(Simplified Surface Energy Balance Index)	$EF = (T_{a,max} - T_{md})/(T_{a,max} - T_{e,min})$ $ET = EF(R_n - G)/\lambda$	"冷点"和"热点"共存	假设大气条件稳定，不需要气象数据	

注：ET_{24} 为日蒸散量(mm/d)；R_{n24} 为全天净辐射($MJ/(m^2 \cdot d)$)；B、n 为经验系数；T_{md13} 和 T_{a13} 分别为当地时间 13 时测定的地表辐射温度和 50 m 高度处的空气温度；λ 为汽化潜热(MJ/kg)；ET_w 为湿润环境下区域蒸散量(mm/d)；ET 为实际蒸散量(mm)；a、b 为系数，通过"热点"和"冷点"的相关参数迭代计算得到；EF 位蒸发比，$EF = \lambda E/(R_n - G)$；$T_{md,datum}$ 为经过高程处理后的地表辐射温度(K)；H_{wet} 为湿润条件下的感热通量(W/m^2)；H_{dry} 为干旱条件下的感热通量(W/m^2)，$H_{dry} = R_n - G_0$；$T_{a,max}$ 为"热点"(极干裸土地表)的温度(K)；$T_{e,min}$ 为"冷点"(土壤水分充足的完全植被覆盖地表)的温度(K)。

（引自：李放 等，2014）

表 3-2　典型双层模型

分类	模型名称	公式	适用条件	优点	缺点
串联模型	Shuttleworth and Wallace 模型 SEBI（Surface Energy Balance Index）	$\lambda E = \lambda E_c + \lambda E_w = C_c \, PM_c + C_a \, PM_a$ $$SEBI = \frac{\dfrac{(T_{md}-T_a)}{r_c} - \dfrac{(T_{md}-T_a)_{min}}{r_{c,min}}}{\dfrac{(T_{md}-T_a)_{max}}{r_{c,max}} - \dfrac{(T_{md}-T_a)_{min}}{r_{c,min}}}$$ $\lambda E = (1-SEBI) \cdot \lambda E_p$	稀疏植被覆盖地区实际蒸散发 区域尺度实际蒸散发	最早的双层模型 定义外部阻抗求解潜热通量	对 T_{md} 和 T_a 的敏感度高；只适用于晴朗天气条件
平行模型	TSM（a Two-Source Model）	$H = H_c + H_a = \rho c_p (T_{md}(\theta)-T_a)/r$ $T_{md}(\theta) = f(\theta) T_c + [1-f(\theta) T_a^n]^{1/n}$ $\lambda E = R_n - H - G$	干旱稀疏植被覆盖地区实际蒸散发	利用不用方向亮度温度计算辐射温度、冠层温度及土壤温度	
平行模型	ALEXI(the Atmosphere-Land Exchange Inverse Model)	$H = H_c + H_a$ $T_{md}(\theta) = f(\theta) T_c + [1-f(\theta)] T_a$ $\int_{t2}^{t1} H(t)dt = \dfrac{1}{2}(H_2 t_2 - H_1 t_1)$ $\lambda E = \lambda E_c - \lambda E_a = R_n - H - G$	大尺度稀疏植被覆盖地区实际蒸散发	规避了辐射地表温度与空气温度的差值，利用从地表到行星边界层按时间变化的地表温度和边界层温度，迭代计算感热通量	对 T_{md} 和 T_a 的敏感度高；只适用于晴朗天气条件
	TTME(a Two-Source Trapezoid Model for Evapotranspiration)	$T_{s,max} = \dfrac{R_{n,a}}{4\,\varepsilon_s\sigma\,T_a^3 + \rho c_p/[r_{a,s}(1-c)]} + T_a$ $T_{a,max} = \dfrac{R_{n,c}}{4\,\varepsilon_c\sigma\,T_a^3 + \rho c_p/[r_{a,c}(1-c)]} + T_a$ $T_{s,min} = T_{c,min} = T_a$ $EF = f_c \dfrac{Q_c}{Q} \cdot \dfrac{T_{c,max}-T_c}{T_{c,max}-T_a} +$ $(1-f_c)\dfrac{Q_s}{Q} \cdot \dfrac{T_{s,max}-T_s}{T_{s,max}-T_a}$ $\lambda E = EF \cdot Q$	稀疏植被覆盖地区实际蒸散发	将遥感梯形蒸散发模型进行合理简化，并有严格的适用边界条件	

注：PM_c 和 PM_a 分别为利用与 P-M 公式相类似的公式计算的郁闭冠层和裸土的能量项（W/m²）；C_c 和 C_s 为系数项，分别表征土壤和植被对潜热通量影响作用的大小；r_c 为外部阻抗（s/m）；脚标 min 和 max 分别代表最小值和最大值；λE_p 为潜在蒸散量（W/m²）；$T_{md}(\theta)$ 为方向地表辐射温度（K），由方向亮度温度 $T_s(\theta)$ 计算得到；$f(\theta)$ 为当观测角为 θ 时的植被覆盖度；$\varepsilon(\theta)$ 为地表方向发射率；T_{sky} 为天空半球亮度温度（K）；r_r 为有效辐射对流阻抗（s/m）；$\int_{t2}^{t1} H(t)dt$ 为观测时刻 t_1 和 t_2 内的累积感热通量（W/m²）；H_1 和 H_2 分别为观测时刻 t_1 和 t_2 的感热通量；f_c 为植被覆盖度；$T_{s,max}$ 为极干裸土地表的温度（K）；$T_{c,max}$ 为极干完全植被覆盖地表的温度（K）；$r_{ah,s}$ 和 $r_{ah,c}$ 分别为极干裸土地表和极干完全植被覆盖地表的空气动力学阻抗（s/m）；ε_s 和 ε_c 分别为土壤和冠层的发射率；G 可以被看作 R_n 的一部分，$G = cR_n$；σ 为 Stefan-Bolzman 常数，$\sigma = 5.68 \times 10^{-8}$（W/(m² · K⁻⁴)）；$T_{s,min}$ 和 $T_{c,min}$ 分别为土壤水分充足条件下的裸土和完全植被覆盖地表的温度（K）。

（引自：李放 等，2014）

第二,以 Priestley-Taylor 公式为基础的实际蒸散方程,Davies 等(1973)通过土壤湿度数据与此方程建立关系,这一方程不考虑空气动力学,仅需少量数据即可实现区域实际蒸散量的估算;第三,Shuttleworth-Wallace 蒸散方程,1995 年通过对稀疏植被陆表的研究,构建了由作物冠层和冠层下地表两部分组成的双层模型。这些模型沿用至今,并根据研究区域的变化被不断改进及优化。实际蒸散模型的研究需要结合研究区域特殊的地理条件,因为实际蒸散本身受到太阳辐射、气温、风速、空气湿度以及地表植被覆盖状况等众多因素的制约和影响,因此估算实际蒸散的模型也是多样的,包括水文、气象以及遥感等。当前这些模型仍用于反演实际蒸散量。

3.1.2　潜在蒸散模型概述

目前,潜在蒸散量的估算方法多种多样,比如 Hargreaves 公式、P-M 公式等,针对不同的气候区、不同的地表覆盖度方法也是不同的,可以说每种方法都有各自的适用范围和适用精度。赵永等(2004)依据近 19 a 的气象数据信息,分别使用 P-M 公式和 Hargreaves 公式计算陕西省的蒸发量,并对相应时段的数值展开研究,进而通过具体研究得到 Hargreaves 公式的系数。张本兴等(2012)对 Hargreaves 模型的适用性展开研究,发现在不同气候类型条件下,其模型的经验系数会有改变,因此在各地区的潜在蒸散研究中应充分考虑模型系数的变化,应用适合于各个研究区的经验值。李晨等(2015)经过深入研究改进了模型的适用性,并提高了 Hargreaves-Samani(HS)模型参考作物蒸散量(ET$_0$)计算精度。

本研究将采用 Hargreaves 公式来估算四川省的潜在蒸散量,主要考虑到 Hargreaves 公式简单易用,只需要地理纬度、平均气温和气温差三个参数。Hargreaves 公式为:

$$\text{PET} = 0.0023R_a(T_{\text{mean}} + 17.8)\sqrt{T_{\text{max}} - T_{\text{min}}} \qquad (3\text{-}1)$$

式中,PET 为潜在蒸散,T_{mean} 为空气平均温度,T_{max} 为空气最高温度,T_{min} 为空气最低温度,R_a 为太阳辐射。

3.2　线性双源遥感蒸散模型的改进

（1）模型构建思路

在蒸散及干旱的研究过程中,以前通常都采用单层模型估算。单层热平衡模型是土壤—植被—大气传输系统中最简单的模型,单层模型研究了边界层和参考高度处的能量传输过程。单层模型在估算中使用较方便,参数获得过程简单易操作,被广泛应用于蒸散与干旱监测之中;但与此同时,其对于复杂地表覆被状态下的蒸散和干旱监测精度不高。隋洪智等(1997)研究发现:黄淮海地区在 1994 年 4 月 26 日小麦覆盖率近 100%,单层模型估算精度为 85%,即此时由于地表覆被单一,处于一种完全植被覆盖条件状态,所以精度较高;经对比 1994 年 3 月26 日部分植被覆盖条件下的研究结果,精度约为 74.3%。证明单层模型精度因不同的植被覆盖条件而不同。由此我们改进并利用双层模型开展地表蒸散和干旱监测的研究。

在模型的构建过程中,沿用 Nishida 等(2003)的线性双源遥感蒸散模型的建模思路。考虑到 NDVI 对蒸散的影响,利用植被覆盖度(f_v)把蒸散认为是地球表面裸土蒸发和植被蒸腾两部组成,具体表达式如下:

$$f_v = \frac{\mathrm{NDVI} - \mathrm{NDVI_{min}}}{\mathrm{NDVI_{max}} - \mathrm{NDVI_{min}}} \tag{3-2}$$

$$\mathrm{ET} = f_v \mathrm{ET}_v + (1 - f_v) \mathrm{ET}_s \tag{3-3}$$

式中,ET 为总蒸散量,ET_v 为植被蒸腾,ET_s 为土壤蒸发,$\mathrm{NDVI_{max}}$ 为全植被覆盖情况下的 NDVI,此时,$f_v = 1$;$\mathrm{NDVI_{min}}$ 为全裸土情况下的 NDVI,此时,$f_v = 0$。

蒸散比(Evapotranspiration Fraction,EF)是地表蒸散的重要标志参量之一,在数值上等于实际蒸散量与可获得能量比值。

$$\mathrm{EF} = \frac{\mathrm{ET}}{Q} \tag{3-4}$$

$$Q = \mathrm{ET} + H = R_n - G \tag{3-5}$$

式中,EF 为蒸散比,Q 为可利用能量,H 为地表显热通量,R_n 为地表净辐射,G 为向下的土壤热通量。

向下的土壤热通量(G)通常比较小,为了减少计算的复杂度,认为 G/R_n 是一个常数,这样式(3-4)可以表达为:

$$\mathrm{EF} = \frac{\mathrm{ET}}{Q} = \frac{\mathrm{ET}}{R_n - G} = \frac{\mathrm{ET}}{(1-a)R_n} = \frac{c\mathrm{ET}}{R_n} \tag{3-6}$$

$$G = aR_n \tag{3-7}$$

$$c = \frac{1}{1-a} \tag{3-8}$$

$$\mathrm{ET} = d \cdot \mathrm{EF} \cdot R_n \tag{3-9}$$

$$d = 1 - a \tag{3-10}$$

式中,a、c、d 为常数。

这样,求解 ET 就可以转化成求解 EF,对于土壤和植被而言,它们满足下面方程:

$$\mathrm{ET}_s = Q_s \mathrm{EF}_s \tag{3-11}$$

$$\mathrm{ET}_v = Q_v \mathrm{EF}_v \tag{3-12}$$

$$Q = f_v Q_v + (1 - f_v) Q_s \tag{3-13}$$

式中,ET_v 为植被蒸腾,ET_s 为土壤蒸发,Q_s 为土壤可利用能量,EF_s 为土壤部分蒸散比,Q_v 为植被可利用能量,EF_v 为植被部分蒸散比。

通过式(3-2)、(3-11)和(3-12)可以得到:

$$\mathrm{ET} = f_v Q_v \mathrm{EF}_v + (1 - f_v) Q_s \mathrm{EF}_s \tag{3-14}$$

式(3-14)也说明了 EF_s 和 EF_v 在估算 ET 的过程中是非常重要的。

(2)土壤蒸散模型的建立

对土壤而言,Nishida 等(2003)利用 $T_s - VI$ 特征空间散点图来求解遥感影像中某一像元的 EF_s 值,具体表达式如下:

$$\mathrm{EF}_s = \frac{T_{\mathrm{bare\_soil\_max}} - T_{\mathrm{bare\_soil}}}{T_{\mathrm{bare\_soil\_max}} - T_{\mathrm{bare\_soil\_min}}} \tag{3-15}$$

式中,$T_{\mathrm{bare\_soil}}$ 为像元某一点裸土温度,$T_{\mathrm{bare\_soil\_max}}$ 为裸土最高温度,$T_{\mathrm{bare\_soil\_min}}$ 为裸土最低温度。

从式(3-15)可以看出,EF_s 与温差倒数成正比,结合式(3-11)可以认为裸土的蒸散与地表净辐射以及地表温度的昼夜温差密切相关。为降低简单线性双源蒸散模型的复杂度,选择地表净辐射(R_n)和空气昼夜温差的倒数($1/(T_{\max} - T_{\min})$)来简化裸土的蒸散模型,空气昼夜温

差的倒数可以用来表示土壤含水量,同时增加经验性系数 a_1,具体简化公式如下:

$$\mathrm{ET}_s = \frac{a_1 R_n}{T_{\max} - T_{\min}} \tag{3-16}$$

式中,利用空气昼夜温差来代替地表昼夜温差,主要是因为空气温度可以通过气象资料获得,而通过遥感手段得到的陆表温度产品受云的影响很难获取每天的完整数据。

(3)植被蒸散模型的建立

对植被而言,Nishida 等(2003)认为可以利用下面公式求解 EF_v:

$$\mathrm{EF}_v = \frac{\alpha \Delta}{\Delta + \gamma(1 + r_c/2r_a)} \tag{3-17}$$

式中,α 为常数(1.26),Δ 为水汽-温度斜率,可根据气象资料获取,γ 为干湿表常数(约为 0.65),r_c 为冠层阻抗,r_a 为空气动力学阻抗。

式(3-17)中,Δ 和 γ 取决于空气温度,r_a 取决于风速,r_c 取决于空气温度、光合有效辐射、水汽压差,植被根部含水量和大气 CO_2 浓度等因素。因此,植被的蒸散可以认为是这些控制因素组成的复杂函数。不过有些参数在很多情况下并不好获取。为了简化植被蒸散函数,在本研究中,认为地表净辐射(R_n)是植被蒸散的最主要控制因子,然后选择其他的重要参数包括空气温度(T)、空气昼夜温差的倒数($1/(T_{\max} - T_{\min})$)通过增加经验系数 a_2 和 a_3 来获得简化植被蒸散方程:

$$\mathrm{ET}_v = a_2 R_n T + \frac{a_3 R_n}{T_{\max} - T_{\min}} \tag{3-18}$$

(4)混合型线性双源遥感蒸散模型的建立

为了获取整个植被和土壤的蒸散量,增加 $a_0 R_n$ 作为整个蒸散的订正项,这主要是因为地表净辐射是蒸散的最主要控制因素。这样考虑到式(3-16)和式(3-18),蒸散方程可以表达为:

$$\mathrm{ET} = (1 - f_v)\frac{a_1 R_n}{T_{\max} - T_{\min}} + f_v\left(a_2 R_n T + \frac{a_3 R_n}{T_{\max} - T_{\min}}\right) + a_0 R_n \tag{3-19}$$

考虑到 f_v 是 NDVI 的函数,因此可以利用 NDVI 进行进一步简化得到混合型线性双源遥感蒸散模型:

$$\mathrm{ET} = R_n\left(b_0 + b_1 \mathrm{NDVI} \cdot T + \frac{b_2 \mathrm{NDVI}}{T_{\max} - T_{\min}} + \frac{b_3}{T_{\max} - T_{\min}}\right) \tag{3-20}$$

式中,ET 为地表蒸散,R_n 为地表净辐射,NDVI 为归一化植被指数,$T_{\max}$ 为最高空气温度,$T_{\min}$ 为最低空气温度,b_0、b_1、b_2、b_3 为回归系数。

3.3　改进的线性双源遥感蒸散模型精度评价

将处理过的遥感数据和气象数据导入模型计算,提取四川省近 15 a 的四季平均值,由表 3-3 和图 3-1 分析得到以下结果:

表 3-3　四川省混合型线性双源遥感蒸散模型复相关系数

年份	春季	夏季	秋季	冬季
2001 年	0.5101	0.2723	0.5639	0.7318
2002 年	0.4632	0.5921	0.7458	0.7451

续表

年份	春季	夏季	秋季	冬季
2003 年	0.5516	0.6439	0.7832	0.7202
2004 年	0.6027	0.7084	0.7984	0.7828
2005 年	0.4591	0.6496	0.7080	0.7138
2006 年	0.5744	0.5495	0.6041	0.0377
2007 年	0.5449	0.6225	0.7546	0.0139
2008 年	0.1640	0.6939	0.6130	0.0740
2009 年	0.4586	0.4760	0.6444	0.5710
2010 年	0.3432	0.5490	0.6237	0.2632
2011 年	0.5604	0.3806	0.4750	0.4187
2012 年	0.5625	0.5713	0.6751	0.0554
2013 年	0.3788	0.6911	0.8148	0.6864
2014 年	0.6061	0.7226	0.7137	0.6289
2015 年	0.5732	0.6538	0.6907	0.4268
平均值	0.4902	0.5851	0.6806	0.4580

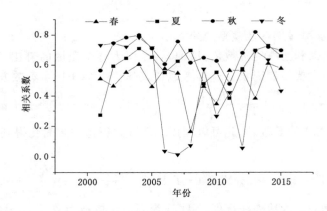

图 3-1　2001—2015 年四川省混合型线性双源遥感蒸散模型复相关系数变化

（1）季节上，近 15 a 复相关系数最低值出现在冬季，春季、夏季及秋季均通过 0.05 水平显著性检验，最高复相关系数达到 0.78。四川省近 15 a 复相关系数最高值集中在秋季，并且所有的值均在 0.5 以上，说明混合型线性双源遥感蒸散模型在秋季拟合效果最好。而春季和夏季分别出现了 2～3 个低于 0.5 的值，但是表中数据显示春、夏整体相关较高。

（2）平均值而言，相关拟合效果最好的是秋天，其次依次是夏、春两季，冬季的结果较差。

（3）变化趋势上，夏季和秋季的相关系数趋于平稳，即变化波动小，而春、冬两季波动较大。尤其是 2006—2008 年冬季以及 2012 年与 2015 年冬季、2013 年春季拟合效果较差。

（4）春季和冬季出现相关系数较低的原因可能是：实际蒸散受温度和植被共同影响，由于春、冬两季温度较低且降水量相对较小，植被蒸散受到很大影响；同时，由于实际蒸散拟合过程中四川省气象站点数据稀少，使温度、平均水汽压以及日照时数等气象要素插值的精度受到影响,插值数据的误差对太阳辐射以及净辐射的反演进一步产生了影响;对混合型线性双源遥感模型进行精度评价时,缺少实测的地表蒸散数据支持,只有 MODIS 的实际蒸散产品数据做对比,有可能产品数据本身也存在误差;不同的下垫面地表蒸散的反演精度是不一样的,但在验证时是通过随机选点进行分析的,也会造成一定的误差。因此在利用混合型线性双源遥感蒸散模型拟合时,春季和冬季未能获得更好的效果。

3.4　改进的线性双源遥感蒸散模型精度验证

通过 MODIS 的实际蒸散产品与模型拟合得到的实际蒸散计算相关系数来验证混合型线性双源遥感模型的精度。将预处理得到的四川省近 15 a 的 MODIS 实际蒸散产品数据随机提取 100 个代表点,同时,提取相同位置的拟合实际蒸散拟合数据,并进行相关系数计算,得到如下结果(图 3-2):

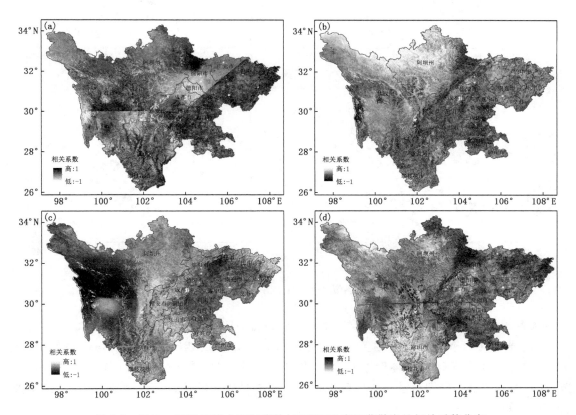

图 3-2　2001—2015 年拟合实际蒸散与 MODIS 实际蒸散产品相关系数分布
(a)春季;(b)夏季;(c)秋季;(d)冬季

(1)四川省四季拟合结果均通过了 0.05 或 0.1 水平的显著性验证,仅在冬季相关系数表现出明显偏低的特征。

(2)时间上,混合型线性双源遥感蒸散模型拟合最好的是夏季和秋季,其次是春季,而冬季拟合效果最差。

（3）空间上，春季，四川盆地大部分地区和川西南山地的部分地区相关系数拟合不高，而川西北高原区相关系数则很高；夏季，川东盆地与高原的过渡区域相关系数较低；秋季，拟合最好，未有相关系数偏低区；冬季，川西北高原区以及川西南山地区相关系数较小。

（4）根据相关系数的分段可以看出，春季、夏季以及秋季相关系数值大部分都集中在 0.5 以上，说明混合型线性双源遥感蒸散模型全年绝大多数时候是可用的，且能够实现大范围地表蒸散的反演（图 3-3）。

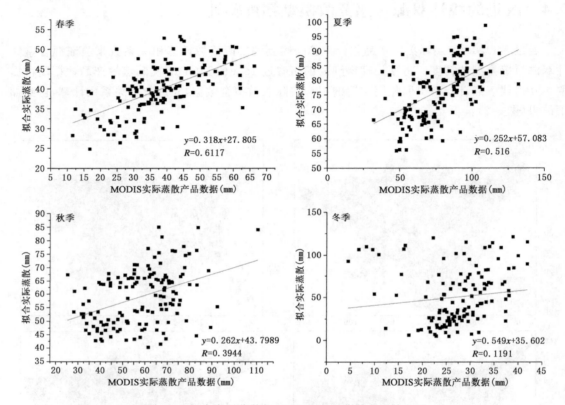

图 3-3　拟合实际蒸散与 MODIS 实际蒸散产品散点图

从表 3-4 分区统计结果看：首先，21 个市（州）各自的四季相关系数均较高，都在 0.6 以上，其中，达州市的四季相关系数均值最高，达到 0.9；眉山市的四季相关系数均值最低，只有 0.61。其次，21 个市（州）总体四季相关系数均值也较高，春季最低 0.63，秋季最高达到了 0.92，夏季和冬季也分别超过 0.8 和 0.6。最后，四季总体相关系数均值达到了 0.78，说明拟合效果较好。

表 3-4　四川省 21 个地市（州）拟合实际蒸散与 MODIS 实际蒸散产品相关系数分区统计

市（州）名称	春季	夏季	秋季	冬季	平均值
成都市	0.8190	0.8248	0.9400	0.8966	0.8701
自贡市	0.6496	0.9700	0.9466	0.9366	0.8757
攀枝花市	0.6716	0.8222	0.6295	0.7479	0.7178
泸州市	0.1281	0.9675	0.9003	0.7152	0.6778

市(州)名称	春季	夏季	秋季	冬季	平均值
德阳市	0.9203	0.6562	0.9695	0.9695	0.8789
绵阳市	0.9136	0.7546	0.9708	0.9524	0.8979
广元市	0.8352	0.7434	0.9618	0.9823	0.8807
遂宁市	0.5594	0.9041	0.9637	0.9013	0.8321
内江市	0.6653	0.9205	0.9495	0.9275	0.8657
乐山市	0.7004	0.9380	0.9310	0.0944	0.6660
南充市	−0.1193	0.9255	0.9787	0.9673	0.6881
眉山市	0.8242	0.8194	0.8854	−0.0638	0.6163
宜宾市	0.0285	0.9581	0.9223	0.6585	0.6419
广安市	0.5197	0.9677	0.9619	0.9577	0.8518
达州市	0.7547	0.9566	0.9433	0.9456	0.9001
雅安市	0.8409	0.9082	0.9411	0.0905	0.6952
巴中市	0.5482	0.9340	0.9412	0.9857	0.8523
资阳市	0.5504	0.7889	0.9521	0.8935	0.7962
阿坝藏族羌族自治州	0.9404	0.9731	0.9818	0.3292	0.8061
甘孜藏族自治州	0.9201	0.9519	0.9447	0.1891	0.7515
凉山彝族自治州	0.5905	0.9659	0.8653	0.3987	0.7051
平均值	0.6315	0.8881	0.9276	0.6893	0.7841

3.5　本章小结

　　本章基于能量与平衡理论,在修正已有遥感蒸散模型的基础上建立了混合型线性双源遥感蒸散模型,并对模型精度进行了验证;四川省混合型线性双源遥感蒸散模型复相关系数整体较高,仅在冬季存在个别偏低值,经过分区统计发现 21 个市(州)各自的四季相关系数均值都较高,都在 0.6 以上,仅在部分地区的冬季偏低。分析造成此现象的可能原因是四川省的降水时空分布不均所致,在时间上,四川省降水呈现中间高两头低的特点,夏、秋两季降水量占全年降水量的 80% 以上。在空间上,川东盆地地区的降水偏多,且年降水量明显高于川西地区。

第 4 章　蒸散干旱指数的构建及其用于干旱监测的可行性分析

4.1　干旱指数概述

干旱本身即是一种难以预测且富于变化的自然现象,很难精准地定量衡量。衡量干旱的指数、指标有很多,包括降水量、实际蒸散、土壤湿度以及各种干旱模型等。作为一种量化的指数,干旱指标不仅可以监测水资源的动态变化,而且还可以为区域尺度的旱灾预防提供有效的建议,许多学者利用干旱指标进行干旱发生概率以及持续时间的研究,同时通过相应的干旱指数,研究人员还能对具体区域遭受的经济损失有所了解。沈彦军等(2013)在研究中将干旱指数简单地归纳成两类:基于基础气象数据的干旱指数和以遥感监测为手段的干旱指数。

4.1.1　基于气象数据的干旱指数

以基础的气象资料为估算参数指标的干旱指数也被称作传统的干旱监测指标,在进行干旱监测过程中主要基于气象站点资料,难以说明较大空间尺度的旱情演进情况;帕尔默干旱严重度指数(Palmer drought severity index,PDSI)经常被用来说明异常湿润和异常干燥天气的持续时间(Palmer,1965a;Alley,1984;Akinremi et al.,1996),PDSI 可以监测某一时段的干旱变化特征,并能够用来归纳分析近百年的全球干旱演变趋势。(Dai et al.,1998)。Dai 等(2004)使用 100 多年的全球月数据来研究帕尔默干旱指数与世界范围内的温度升高的关系;但 Mishra 等(2010)认为把所有降水处理成雨水不精确。段莹等(2013)研究发现 PDSI 在干旱监测过程中对干旱影响范围及干旱持续性方面具有较好的描述,但对旱情反映的敏感度不够。因此,为了进一步提升帕尔默干旱指数在我国不同地区监测结果的准确性,国内学者近年来开展了众多研究。王春宇(2016)通过引入水量平衡概念对 PDSI 进行修正;王文等(2016)通过对帕尔默干旱指数中的多个参数进行修订,建立了适用于长江中下游地区的干旱监测模式;王兆礼等(2016)使用 scPDSI 对中国干旱演进情况进行研究,表明 scPDSI 对年际以及各季节的干湿变化有较好的监测效果。作物湿度指数(crop moisture index,CMI),Palmer(1965b)基于 PDSI 开发了 CMI,并使用此指数开展短时间内的农业干旱研究,一般而言,CMI 都是使用研究区的周或者旬尺度的温度数据以及降水数据来监测干旱,这个指数能够敏感地反映土壤的含水量,因此可以较好地说明农作物受温度以及降水的影响情况。标准降水指数(standardized precipitation index,SPI),袁文平等(2004)认为 SPI 是表征某一时段内降水量出现的概率。标准化降水指数可以相对较好地反映干旱发生的强度以及发生时长,这一优点使得应用统一的干旱指标对不同时空尺度的地区监测成为可能,因而 SPI 是一种可得到广泛应用的气象干旱指标。在计算过程中,SPI 所使用的数据资料容易获取,因此更适合于较长时间尺度的研究。20 世纪 90 年代以来,SPI 在美国科罗拉多州广泛应用,认为是日常干旱监测的必要手段。此外,在国内的很多地区开展了相关研究(刘彦平 等,2015;龚艳冰 等,2015;孙德亮 等,2016;郭斌 等,2016;胡悦 等,2017),刘彦平等(2015)以泾惠渠灌区为研究区域,基于 SPI 分析干旱特征,并进一步阐述其对研究区农作物产量造成的影响;孙德亮等(2016)使用逐月降水数据与 SPI 进行重庆地区干旱研究,研究结果表明,该地区的干旱具有显著的区域性和季节性;胡悦等(2017)基于 SPI 指数开展了宁夏中部地区的干旱研究,较好地得到了干旱波动周期。而地表水分供应指数(surface water supply index,SWSI)是对 PDSI 的改进,由 Shafer 和 Dezman 在 1982 年研发并推广使用,最初被用来监测陆表的湿度状况。地表水分供应指数不仅计算方便,且可以有效反映某地区的地表水分状况,但无法进行不同空间尺度的对比,这在一定程度上制约了其发展。降水距平百分率(P_a)主要是以降水数据为研究对象,得到的结果通常是指由于降水的异常变化诱发的干旱状况;但就单一的降水因素而言,不够全面地说明干旱特征。综合气象干旱指数(CI)的出现优化了原有的水分亏缺指数与降水距平指数,开始应用综合的气象因子监测干旱,邹旭恺等(2010)认为 CI 计算简便,可以用于历史同期的旱情监测,一定程度上有利于对比干旱发生的强度;由于综合气象干旱指数的简单易操作以及较强适用性,得到了众多学者的广泛应用(王文 等,2015;李红梅 等,2015;曲学斌,2015;米红波 等,2016;谢清霞 等,2016)。但李树岩等(2009)提出其没有将人类活动对旱灾产生的影响纳入考虑,监测结果无法全面地说明干旱状况。

4.1.2　基于遥感数据的干旱指数

结合卫星遥感数据开展干旱的研究,不仅可以定量反演得到地表水分状况,而且能够对较大空间尺度同时展开研究,我们可以获得多角度、多时相的旱情演变趋势;过去几十年间,越来越多的学者通过遥感手段建立多源模型来监测全球的干旱变化趋势。具体的基于遥感数据的干旱指数有植被指数干旱监测模型(Gutman,1990;陈维英 等,1994;Eklundh,1998;Gosh,1997)、地表温度干旱监测模型(McVicar et al.,1998)、地表温度和植被指数组合干旱监测模型(Kogan,1995,1997,1998;Kogan et al.,1993;Liu et al.,1996)等。在这些遥感监测模型中,主要使用的参数是利用反射率反演得到的陆表温度数据。在日常的干旱监测过程中,有些指数被广泛应用于各地区的灾害研究,其中包括归一化植被指数(NDVI),其应用范围极广(侯美亭 等,2013;刘世梁 等,2016;王文亚 等,2016;马有绚 等,2017)等;以及植被温度状态指数(VTCI)(侯英雨 等,2005;林巧 等,2016)等。除此之外,还有土壤热惯量模型以及蒸散比指数等。Waston 等(1971)便开始进行土壤热模型的研究,主要利用遥感来反演相应的参数。之后,Kahle(1977)应用热惯量概念模型开展蒸散研究,应用价值极高。Rosema 等(1978)在上述研究基础上提出了热惯量的计算模式。Price 等(1980)以能量平衡理论为指导,进而简化蒸散的估算形式,在进行估算过程中引入地表参量 B 概念(B 为土壤辐射率,比热及温度等气象要素的函数),进一步阐释了热惯量监测土壤水含量的方法。隋洪智等(1997)建立部分植被覆盖条件下的估算方法,一定程度上简化了原有的双层模型,并使用遥感对土壤水分参数进行反演。田国良等(1990)通过大量的田间试验说明了遥感数据与站点资料的结合能够有效估算蒸散,在研究中还发现 CWSI 指数和土壤含水量具有显著的相关关系,可以使用二者构建方程深入地开展研究工作。田国良等(1992)通过遥感方法来监测冬小麦生长期的干旱状况,在研究区进行统计分析,并使用土壤水分数据与冬小麦的需水量定义干旱指数,以此来分析冬小麦生长期干旱发生时间以及干旱频次。申广荣等(1998)经过实测数据验证说明了作物缺水指数可以精确地反映干旱演进趋势,刘安麟等(2004)等进一步对CWSI简化,并使用其对陕西省的干旱进行监测,经研究简化的模型能够客观地评估陕西省的旱灾。近年来CWSI仍被国内外学者作为研究干旱的重要模型(喻元,2015;田国珍 等,2016;赵焕 等,2017;Bahmani et al.,2017;Zhao et al.,2017;Bai et al.,2017)等。蒸散作为反演地表水分的有效参数,近年来被广大学者引入模型估算陆表干旱,Yao等(2010)对影响蒸散的空气温度、净辐射等进行了线性组合,简化了蒸发部分,进而用于模拟全球地表干旱。

4.2　蒸散干旱指数(Evaporative drought index,EDI)的建立

为强调土壤水分对地表干燥状况的反映,特定义蒸散干旱指数(evaporative drought index,EDI)。EDI定义为1减去实际蒸散和潜在蒸散的比值:

$$EDI = 1 - \frac{ET}{PET} \tag{4-1}$$

式中,PET和ET分别通过式(3-1)和式(3-20)得到。理论上,EDI的取值范围为0~1,其中EDI值越接近1,表明越干旱;值越接近于0,表明越湿润。

4.3　EDI用于干旱监测的可行性分析

根据式(4-1)计算出来四川省的EDI,将EDI与经过处理的PDSI产品进行相关分析(图4-1),且与温度植被干旱指数TVDI进行相关分析(图4-2),验证EDI的计算精度与可行性,计算公式为:

$$R = \frac{\sum_{i=1}^{n}(P_i - \overline{P})(M_i - \overline{M})}{\sqrt{\sum_{i=1}^{n}(P_i - \overline{P})^2 \sum_{i=1}^{n}(M_i - \overline{M})^2}} \tag{4-2}$$

$$\overline{P} = \left(\sum_{i=1}^{n} P_i\right)\bigg/ n, \quad \overline{M} = \left(\sum_{i=1}^{n} M_i\right)\bigg/ n \tag{4-3}$$

式中,M_i与P_i分别为不同年份的相同月份的帕尔默干旱指数PDSI(或温度植被干旱指数TVDI)与对应的蒸散干旱指数(EDI),n为样本容量即这里为所能够获得或计算的PDSI或者TVDI的年限,R的取值为[−1,1],越接近1,表示呈现的正相关越明显;越接近于−1,表示呈现负相关越明显;越接近0,表示相关不明显。

4.3.1　EDI与PDSI产品相关关系分析

PDSI是一种基于温度、降水和土壤类型的干旱指数,最初由帕尔默提出,帕尔默干旱指数可以较好地评估一段时间内某一地区对气候适宜水分的需求度,该指数正值代表湿润,反之,负值代表干旱。本研究采用PDSI全球数据集(分辨率为2.5°×2.5°),应用GIS软件进行重采样、裁剪等相关处理,获得了与EDI相同分辨率的四川省PDSI数据集。

由四川省EDI与PDSI四季相关系数分布(图4-1)可知:在表征干旱程度上,PDSI的数值

与 EDI 值表征方式相反,因此二者的相关系数呈现负相关,综合来看,川西高原区相关要明显高于川东盆地区;春季,相关较好的地区分布较散;夏季,相关较好的地区集中在阿坝州西北部和川南的凉山州南部以及攀枝花;秋季相关最好;冬季相关较好的地区集中分布在阿坝州和甘孜州的大部分地区以及雅安、眉山和乐山的部分地区。

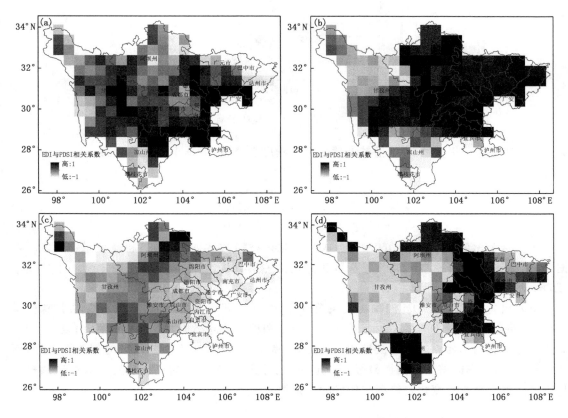

图 4-1　四川省 EDI 与 PDSI 四季相关系数分布
(a)春季;(b)夏季;(c)秋季;(d)冬季

4.3.2　EDI 与 TVDI 干旱指数相关关系分析

近年来,利用植被指数和地表温度反演地表水分,进而反映地表干旱的方法被广泛应用,当土壤内含水量达到较低值时,植被将因缺水发生干枯。在单一反演地表干旱过程中都存在一定的局限性,因此有学者开始研究使用 NDVI 与 LST 结合建立特征空间。

Price(1980)通过研究得到,当 NDVI 和 LST 变化到一定程度时,即变化范围较大时,NDVI-LST 散点图会以三角形的形式分布。所以 Price 等相关学者简化了 NDVI-LST 特征空间,如图 4-2 所示。在简化后的特征空间中仍具有原特征空间的极端情况,Sandholt 基于简化后的特征空间提出了温度植被干旱指数(TVDI)用于干旱的相关监测。

TVDI 的公式如下所示,其中 T_s 为某一象元的地表温度,T_{smin} 为某一象元所对应的最低地表温度,T_{smax} 则是某一象元对应的最高地表温度。a_1、b_1 为干边拟合参数,a_2、b_2 为湿边拟合参

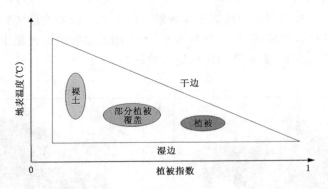

图 4-2　简化的 NDVI—LST 特征空间

数。TVDI 取值范围为 0 到 1,值越大代表干旱程度越严重,值越小代表越湿润。

$$\text{TVDI} = \frac{T_s - T_{smin}}{T_{smax} - T_{smin}} \tag{4-4}$$

$$T_{smin} = a_1 + b_1 \times \text{NDVI} \tag{4-5}$$

$$T_{smax} = a_2 + b_2 \times \text{NDVI} \tag{4-6}$$

　　利用裁剪出的四川省 MODIS 月合成归一化植被指数数据(NDVI)和地表温度(LST)数据,计算得到 TVDI,并与 EDI 干旱指数建立相关关系分析,旨在验证本研究定义的干旱指数(EDI)的可行性。

　　由四川省 EDI 与 TVDI 四季相关系数分布(图 4-3)可知:EDI 与 TVDI 相关系数总体呈正相关,综合来看,夏季与冬季的相关性优于春季和秋季,春季,川西的相关性更好;夏季,川东盆地部分地区与川西高原的过渡带相关性更好;秋季,川东盆地小部分区域的相关性更好;而就全年而言,冬季的整体相关性最好。一定程度上说明了改进后的混合型线性双源遥感模型与温度植被干旱指数变化趋势存在较好的一致性。

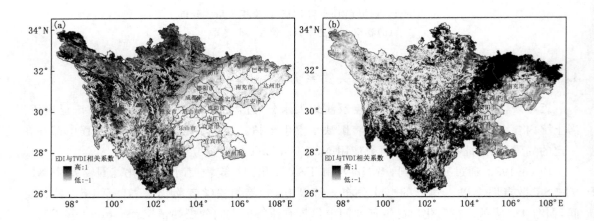

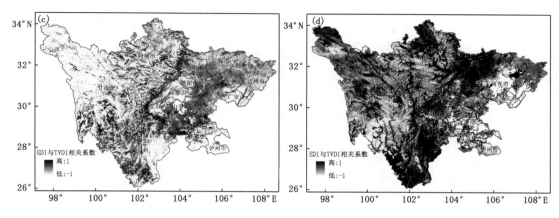

图 4-3 四川省 EDI 与 TVDI 四季相关系数分布
(a)春季;(b)夏季;(c)秋季;(d)冬季

4.3.3 EDI 与土壤湿度数据的相关关系分析

土壤湿度决定着农作物的水分供应,是旱情监测的重要指标,当受到水分胁迫土壤湿度低于某一临界值时,就会受到干旱威胁。因此,研究 EDI 与土壤湿度的关系是非常必要的。由于能够获得的土壤湿度实测数据有限,且不同土壤类型具有不同的含水阈值,不同的植物生长季需水量也不同,因此将下载的土壤数据整理和统计,用土壤湿度作为验证数据分别与所得到的 EDI 结果建立对应关系,分别得到了 2006 年和 2009 年土壤表层 10 cm 和 20 cm 相对湿度与 EDI 的相关系数,如表 4-1 所示。

表 4-1 干旱指数 EDI 与 10 cm 及 20 cm 土壤相对湿度相关系数

时间	10 cm 土壤相对湿度	20 cm 土壤相对湿度
2006 年 1 月	0.48	0.70
2006 年 2 月	0.72	0.36
2006 年 3 月	−0.54*	0.17*
2006 年 4 月	0.22	0.28
2006 年 5 月	−0.18	0.68
2006 年 6 月	−0.25**	−0.16*
2006 年 7 月	0.25*	0.20
2006 年 8 月	−0.45*	−0.26*
2006 年 9 月	−0.02	−0.09
2006 年 10 月	−0.45*	−0.05
2006 年 11 月	0.58*	−0.08*
2006 年 12 月	−0.22*	0.56
2009 年 1 月	−0.14	−0.08
2009 年 2 月	−0.20	−0.13

时间	10 cm 土壤相对湿度	20 cm 土壤相对湿度
2009 年 3 月	−0.17	0.05
2009 年 4 月	−0.39**	−0.24*
2009 年 5 月	0.25	−0.38*
2009 年 6 月	−0.20**	0.04
2009 年 7 月	0.09	/
2009 年 8 月	/	/
2009 年 9 月	−0.21	/
2009 年 10 月	0.19	−0.17
2009 年 11 月	−0.31*	0.13
2009 年 12 月	−0.18	0.1

注：*、**分别代表通过 0.1、0.05 水平的置信度检验。

当土壤湿度低于某一临界值时,农作物在此时会因为缺少水分供应而受到干旱威胁,即在湿度降低时,作物越易发生干旱;而 EDI 越大表示干旱状况越严重,因此在相关系数上表现为湿度值与 EDI 干旱指数呈负相关。由表 4-1 可以看出,10 cm 土壤相对湿度较 20 cm 土壤相对湿度与 EDI 的相关更好,且正相关系数明显要少,最大负相关系数为 0.5386,出现在 2006 年 3 月。2006 年是四川历史上干旱非常严重的年份,春季,地表迅速回温,但降水量却很少,无法满足地表植被生长的正常需要,致使干旱发生;而夏季降水更是达到了近 60 a 的最低点,与此同时高温天气持续时间也达到了历史最长,因此干旱程度愈加严重,受灾农作物范围进一步扩大,严重影响了农业生产(马建华,2010;文博,2014)等。

4.4　本章小结

主要从蒸散干旱指数的构建及其对干旱监测可行性两方面展开研究,首先在得到了实际蒸散和潜在蒸散的前提下构建蒸散干旱指数(EDI),并就蒸散干旱指数的机理性质进行了详细说明;其次将构建的蒸散干旱指数(EDI)与帕尔默干旱产品(PDSI)、温度植被干旱指数(TVDI)以及土壤墒情数据进行相关关系分析,以此来评价 EDI 在干旱监测中的可用性。由此说明 EDI 指数可以用于四川省干旱监测,但个别月份相关系数较低还需深入研究其原因。

第 5 章 四川省近 15 a 的蒸散变化特征分析

第 3 章构建了混合型线性双源遥感蒸散模型用于反演四川省的实际蒸散,相较于已有的蒸散模型,新构建的混合型双源线性遥感蒸散模型简单易操作,且通过了精度评价与验证,获得的四川地区的实际蒸散结果具有一定参考意义。同时,还用 Hargreaves 公式计算了潜在蒸散,该公式所使用的参数易获得,且计算出的潜在蒸散结果与实际情况吻合。

5.1 四川省近 15 a 实际蒸散变化特征分析

分析四川省近 15 a 实际蒸散变化(表 5-1)得到:(1)近 15 a 四川省的实际蒸散普遍偏高,蒸散量大,季节上,夏季的蒸散量最大,其后依次是春、秋两季,冬季则相对较低。(2)从变化趋势图来看,各季度的实际蒸散量都呈现下降趋势,且各季度蒸散值以 2～3 a 为周期规律性波动;蒸散量的大小是温度和降水的直接反映,尤其是实际蒸散明显下降的年份,更真实地反映了相应年份的气候特征,由四季均值可以看出,2005—2007 年、2008—2011 年都表现为下降趋势,据相关学者研究可知,近年来四川以及西南地区旱灾频发,尤以 2006 年及 2009 至 2010 年的旱灾为代表,气象资料显示 2006 年夏季川渝地区持续高温少雨,且这一年也是 1951—2015 年降水最少的一年。夏季的持续少雨是诱发 2006 年秋季实际蒸散锐减的重要原因。同样,2009—2010 年实际蒸散季节以及年际变化的下降趋势也得到了相关文献的佐证(潘建华 等,2006;杨淑群 等,2006,段海霞 等,2013;李韵婕 等,2014;韩兰英 等,2014)。

表 5-1 2001—2015 年四川省各季度实际蒸散量(单位:mm)

年份	春	夏	秋	冬
2001 年	138.67	272.87	145.36	94.11
2002 年	171.96	252.05	142.29	91.68
2003 年	139.77	260.82	145.29	95.66
2004 年	152.51	256.36	145.33	94.20
2005 年	171.79	254.82	145.88	90.21
2006 年	135.22	251.09	132.48	93.25
2007 年	129.89	244.31	145.55	80.40
2008 年	144.04	247.25	142.77	86.57
2009 年	134.56	242.20	129.65	81.71
2010 年	128.48	242.28	142.54	79.50
2011 年	140.66	236.60	139.43	74.54
2012 年	141.47	257.88	141.89	101.63
2013 年	144.33	262.16	139.00	86.48
2014 年	141.83	246.54	145.63	83.28
2015 年	132.39	239.06	143.86	97.72
平均值	143.84	251.09	141.80	88.73

四川省多年实际蒸散平均值具有显著的空间特征分异规律,呈现出由川东盆地以及川南向川西高原和川北减少的变化趋势(图 5-1),该特点与四川省的地貌形态变化大体一致,也即与地表覆被变化趋势具有一致性,表现为在海拔高度较低的地区,蒸散量较大。具体分析:广元—绵阳—德阳—成都—雅安—乐山以东盆地地区以及攀枝花市蒸散量在 700 mm 以上,川西高原与川东盆地的过渡地区蒸散量为 600～700 mm,川西高原的甘孜以及阿坝州大部分地区蒸散量为 500～600 mm,而小部分地区则为 300～500 mm。四川省平均年蒸散量约为635 mm,且 400 mm 以上的像元占全省的 93.2%。

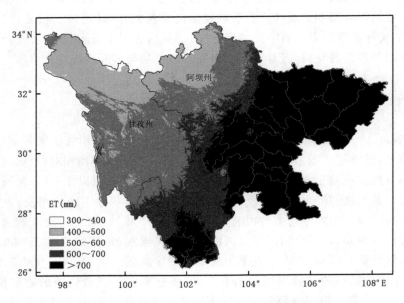

图 5-1　四川省 2001—2015 年平均实际蒸散分布

5.1.1　基于行政区划的实际蒸散变化特征分析

基于四川省行政区划图,以 GIS 平台为工具,得到 2001—2015 年的四川省实际蒸散分布图,分析四川省 21 个市(州)的实际蒸散变化情况,以便为各市(州)了解地表水分蒸散状况,监测土壤水分变化提供帮助,并给出了各季度多年平均的实际蒸散专题图,更直观地展示实际蒸散的空间分异特征,为更好地研究干旱时空变化奠定了基础。

由图 5-2 可以看出:春季和夏季实际蒸散量变化趋势具有一致性。川东盆地地区的实际蒸散量较大,统计各行政区发现除德阳市之外的其他川东盆地地区的市(州)蒸散量均较大;秋季,四川大部分地区均表现为蒸发强烈,但蒸散量较大地区仍集中在川东盆地北部(广元、达州、巴中、南充)以及川南的攀枝花等地;冬季,蒸散量东南和南部较大,其中自贡、宜宾、泸州、攀枝花等地较大。总体而言,实际蒸散较大地区集中于绵阳—德阳—成都—雅安—凉山州—攀枝花以东地区。

由图 5-3 可知:21 个市(州)的变化趋势具有一致性,除攀枝花、阿坝州及甘孜州外,其余地区蒸散量由大到小均为夏季、春季、秋季、冬季;攀枝花、阿坝州以及甘孜州春季小于秋季,且乐山与雅安在夏季,攀枝花在春、夏两季、阿坝州及甘孜州在春、夏、秋三季,蒸散量要明显小于其余市(州);夏季,各市(州)间的蒸散量变化波动较大。这与四川省降水的时空分布不均有关。

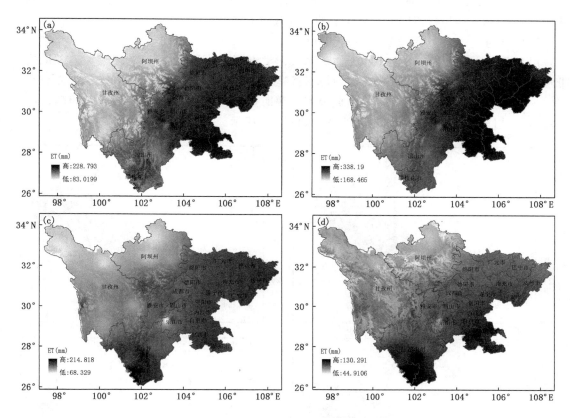

图 5-2　四川省实际蒸散量分布
(a)春季;(b)夏季;(c)秋季;(d)冬季

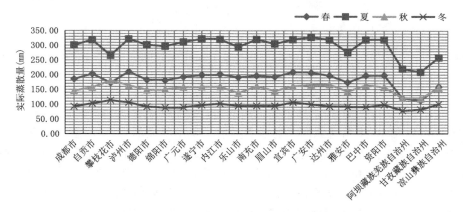

图 5-3　四川省 21 个市(州)四季实际蒸散变化

5.1.2　基于地貌分区的实际蒸散变化特征分析

结合前期地貌区划数据,在 GIS 平台下分别提取不同地貌类型区的实际蒸散反演结果,从而研究近 15 a 四川省不同区划背景下的实际蒸散的演变趋势。

(1)川东盆地地区实际蒸散时空特征分析

川东盆地地区海拔高度在 1000 m 以下,气候类型属亚热带湿润气候,川东盆地及周边地带常年温暖多雨,年均气温 16～18 ℃,日均气温≥10℃持续 240～280 d,不低于 10 ℃积温达 4000～6000 ℃·d,由于云量的影响,此地区日照时数较少,这些气候特征对于地表蒸散都有一定影响,川东盆地地区实际蒸散反演结果如图 5-4 所示。

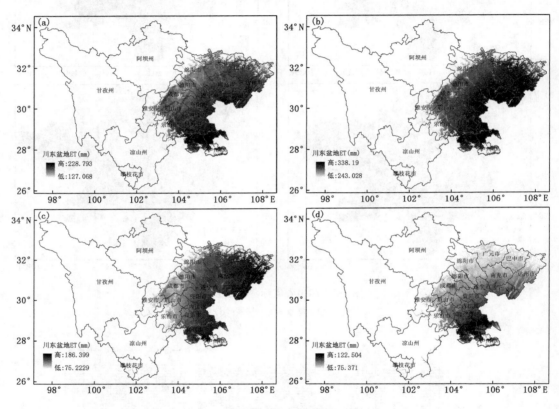

图 5-4　川东盆地实际蒸散量分布
(a)春季;(b)夏季;(c)秋季;(d)冬季

由图 5-4 可以看出,川东盆地四季的地表蒸散呈现出明显的规律性,夏季的蒸散量明显高于其他季节,这与夏季降水充沛关系密切,由于夏季风的影响使四川地区的降水时空分配不均,年内降水的 80% 都集中在夏季。综合来看,春季,川东盆地南部各市的蒸散量较大,宜宾以及泸州地区的蒸散量较大;夏季,德阳蒸散量相较于周边各市偏低;秋季,川东盆地北部地区蒸散量较大,广元、巴中、达州等地蒸散量较大;冬季,广安、宜宾以及泸州等地蒸散量明显偏大。由于青藏高原海拔高度的影响,使多数降水集中在川东盆地地区。因此,川东盆地地区的全年蒸散量相对较大。近 15 a 各季度蒸散量表现出增长趋势。

　　由2001—2015年川东盆地实际蒸散统计(表5-2)可以看出:川东地区全年各季度蒸散量由大到小分别为夏季、春季、秋季和冬季,且近15 a实际蒸散量波动变化不明显,仅在2002年秋季蒸散量约为174 mm,较其他年份有明显增大。

表5-2　2001—2015年川东盆地各季度实际蒸散(单位:mm)

年份	春	夏	秋	冬
2001年	178.33	304.97	148.99	98.00
2002年	194.84	309.05	173.33	95.41
2003年	191.84	307.94	153.72	94.95
2004年	194.66	313.10	149.89	94.91
2005年	197.77	312.22	159.51	98.98
2006年	184.98	319.51	159.50	96.82
2007年	190.51	318.88	156.87	93.41
2008年	200.13	310.20	161.92	97.96
2009年	203.54	314.47	163.73	96.23
2010年	200.05	320.67	165.38	97.38
2011年	195.64	318.70	154.78	97.64
2012年	205.28	322.01	151.21	95.61
2013年	205.62	323.37	160.23	95.77
2014年	199.68	323.70	153.56	95.54
2015年	205.88	307.31	148.62	92.82
平均值	196.58	315.07	157.42	96.10

(2)高原与盆地过渡区实际蒸散时空特征分析

　　根据地貌分区,高原与盆地过渡区的海拔为1000~2500 m,地势地貌造就了植被明显的地带性分异,该地区为亚热带气候。且随着海拔高度的升高,植被由需水量较大的阔叶林变为需水量相对较少的针叶林。范建忠等(2014)研究表明,蒸散量大小与植被类型和覆盖度关系密切,且植被覆盖率高的地区,蒸散量较大。由此参考植被覆盖和地理区划得到高原与盆地过渡区的地表蒸散反演结果,如图5-5所示。

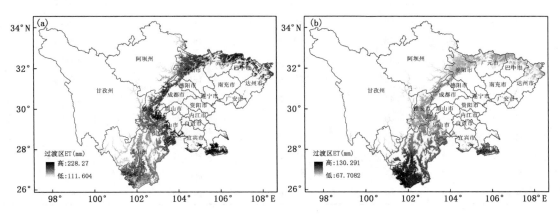

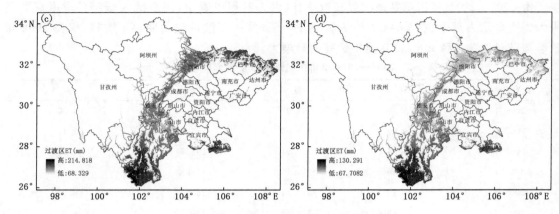

图 5-5　高原与盆地过渡区实际蒸散量分布
(a)春季;(b)夏季;(c)秋季;(d)冬季

由图 5-5 可以看出:春季蒸散量较大区集中分布在过渡区北缘,北部要明显高于南部;而夏季、秋季和冬季易在川南的攀枝花地区出现蒸散高值,这与攀枝花所处的地理位置有一定关系,该地区纬度偏南,且秋、冬两季晴天较多,相应得到的日照也较多,日照加剧地表温度上升,进而使蒸散加剧。春季在绵阳—雅安—乐山—宜宾—泸州一线形成高值弧形区,其余季节均分布在四川南部(陈效孟,1995;卿清涛 等,2007;张文江 等,2008;王鑫 等,2015;齐冬梅 等,2017)等。

由 2001—2015 年高原与盆地过渡区实际蒸散统计(表 5-3)可以看出:高原与盆地过渡区全年各季度蒸散量由大到小依次为夏季、春季、秋季和冬季,且近 15 a 实际蒸散量波动变化不明显。

表 5-3　2001—2015 年高原与盆地过渡区各季度实际蒸散量(单位:mm)

年份	春	夏	秋	冬
2001 年	166.91	282.45	146.85	96.83
2002 年	177.57	283.83	163.98	96.70
2003 年	176.43	283.89	152.90	96.71
2004 年	177.22	281.39	148.86	96.48
2005 年	173.42	281.81	158.70	97.39
2006 年	169.30	286.88	155.50	96.93
2007 年	176.23	288.27	155.11	93.62
2008 年	179.82	280.16	164.24	98.34
2009 年	180.33	282.37	162.19	97.23
2010 年	173.15	288.00	156.92	96.80
2011 年	173.44	283.03	155.35	98.28
2012 年	178.56	288.12	148.29	96.98
2013 年	185.54	287.52	154.82	93.98
2014 年	180.49	287.02	158.91	94.89
2015 年	181.98	273.79	146.74	92.27
平均值	176.69	283.90	155.29	96.23

（3）川西高原地区实际蒸散时空特征分析

川西高原地区位于青藏高原东南部,是全球气候变化的敏感地区之一。李川等(2004)研究发现近 50 a 川西高原地区平均最低温度和平均温度不断上升,且降水量有略微上升。同时由于本地区海拔高,晴天天数多,日照强烈等因素影响,导致川西高原区的地表蒸散有增加趋势。根据地理区划得到了川西高原区的地表蒸散变化趋势如图 5-6 所示。

由图 5-6 可以看出:川西高原区的地表蒸散具有明显的由南向北递减的空间分异特征,地表蒸散较大值分布于川西高原的南部,随着海拔高度的上升,植被的覆盖度逐渐降低,地表覆盖类型由草地向裸岩及积雪区域转变,而植被覆盖的转变使地表蒸散发生较大变化,植被覆盖度较小的地区,相应蒸散量较小(于伯华 等,2009;范建忠 等,2014;李锐 等,2015)。季节上,秋、冬季地表蒸散更强。

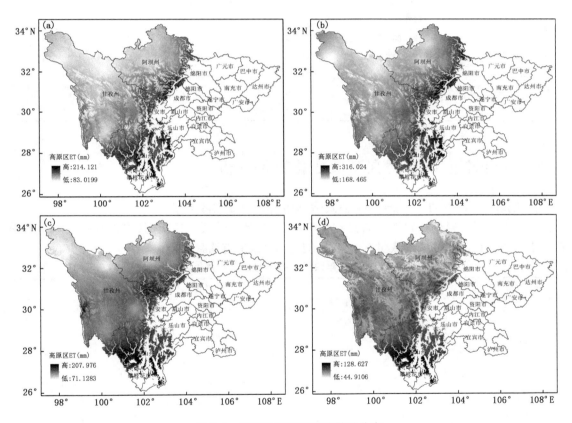

图 5-6　川西高原区实际蒸散量分布
(a)春季;(b)夏季;(c)秋季;(d)冬季

由 2001—2015 年川西高原区实际蒸散统计(表 5-4)可以看出:川西高原区全年各季度蒸散量由大到小依次为夏季、秋季、春季和冬季,且春季和秋季实际蒸散量值较接近,近 15 a 没有明显的变化。

表 5-4   2001—2015 年川西高原区各季度实际蒸散量(单位:mm)

年份	春	夏	秋	冬
2001 年	117.39	217.62	122.09	83.29
2002 年	120.26	218.48	121.81	83.73
2003 年	122.53	222.49	124.71	82.32
2004 年	118.99	214.40	118.98	84.23
2005 年	119.56	217.78	125.67	84.36
2006 年	116.38	218.38	124.47	83.25
2007 年	119.87	216.91	124.83	82.54
2008 年	120.42	211.80	126.06	84.19
2009 年	123.95	220.47	129.14	83.64
2010 年	120.50	221.36	123.29	80.79
2011 年	117.67	214.73	125.50	81.57
2012 年	121.88	224.04	119.46	82.38
2013 年	123.66	219.63	119.30	81.13
2014 年	122.56	219.40	126.06	81.13
2015 年	122.52	217.05	119.20	79.61
平均值	120.54	218.30	123.37	82.54

5.2   四川省近 15 a 潜在蒸散变化特征分析

使用简单易计算的 Hargreaves 公式估算四川省的潜在蒸散量。

由表 5-5 可以得到:(1)四川省潜在蒸散量较大,且夏季明显偏高,其次为秋季、春季,冬季则最小。(2)近 15 a 潜在蒸散量变化不大,趋于平稳,未有明显波动。

表 5-5   2001—2015 年四川省各季度潜在蒸散量(单位:mm)

年份	春	夏	秋	冬
2003 年	522.91	583.98	391.91	305.42
2004 年	522.60	583.38	390.65	305.13
2005 年	522.09	584.64	392.25	306.30
2006 年	522.94	588.59	392.34	305.84
2007 年	524.42	585.76	392.12	306.94
2008 年	523.23	584.96	392.57	306.95
2009 年	523.06	584.57	392.94	306.58
2010 年	521.97	584.91	391.91	305.13
2011 年	521.77	586.22	392.24	304.72
2012 年	523.08	583.97	391.19	306.88
2013 年	514.67	587.91	391.09	305.19
2014 年	513.86	584.17	392.40	284.84
2015 年	524.06	574.31	390.68	295.62
平均值	521.67	584.50	391.89	303.85

　　四川省多年潜在蒸散量平均值具有显著的空间特征分异规律,呈现出由东南向西北递减的变化趋势(图 5-7),该特点与实际蒸散量变化特点一致,都与海拔高度变化密切相关。综合分析:宜宾、泸州以及凉山州南部和攀枝花潜在蒸散量在 1850 mm 以上,属于川内蒸散量高值区;甘孜州及阿坝州西北大部分地区以及巴中、广元、绵阳和乐山的小部分地区潜在蒸散量为 1700~1800 mm;其余四川各市(州)的潜在蒸散量为 1800~1850 mm。

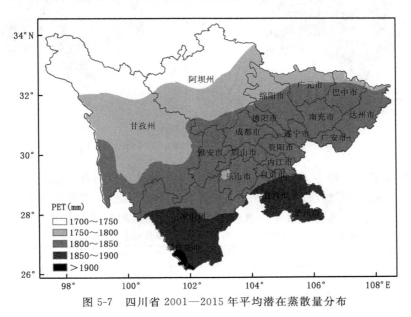

图 5-7　四川省 2001—2015 年平均潜在蒸散量分布

5.2.1　基于行政区划的潜在蒸散变化特征分析

　　基于 GIS 平台与四川省行政区划图,分析四川省近 15 a 潜在蒸散的空间分异如图 5-8 所示。

　　由图 5-8 可以看出:潜在蒸散变化春季由攀枝花—凉山州向北递减,由川东地区向川西递减的经度分异特征;夏季川东地区的广元、巴中、达州、绵阳、南充、广安、德阳、遂宁、成都、资阳、眉山、内江、自贡、宜宾以及泸州等地均达到蒸散高值,且区域性较显著;秋季以及冬季则表现出明显的由南向北递减的纬向分布规律。

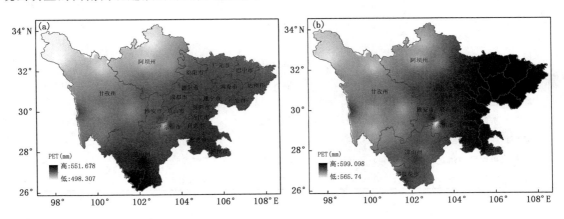

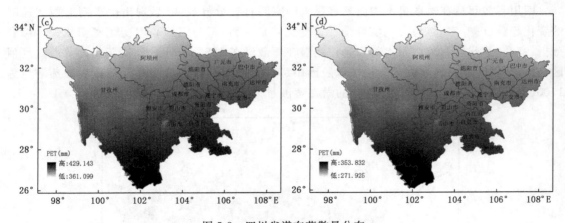

图 5-8　四川省潜在蒸散量分布
(a)春季；(b)夏季；(c)秋季；(d)冬季

由于计算潜在蒸散过程中采用的参数变化较小，因此得到的潜在蒸散相较于实际蒸散变化趋势更稳定，由表 5-6 可知：21 个市(州)的变化趋势具有一致性，即潜在蒸散量由大到小均为夏季、春季、秋季、冬季；潜在蒸散年总量较小的地区分别是阿坝州和甘孜州。

表 5-6　四川省 21 个市(州)四季潜在蒸散量(单位：mm)

市(州)名称	春	夏	秋	冬
成都市	527.41	592.37	394.85	305.76
自贡市	532.17	594.03	405.14	317.59
攀枝花市	543.31	586.83	421.70	345.13
泸州市	533.44	594.01	410.91	324.08
德阳市	527.80	593.91	392.82	302.90
绵阳市	524.85	593.48	387.27	296.50
广元市	525.66	596.58	385.79	293.53
遂宁市	530.07	596.89	397.15	306.87
内江市	532.06	595.26	403.30	314.94
乐山市	526.46	586.21	401.42	315.79
南充市	528.58	597.67	393.57	302.27
眉山市	528.00	590.54	399.02	311.35
宜宾市	533.96	593.79	409.99	323.55
广安市	530.31	598.05	399.17	308.60
达州市	527.29	597.75	392.56	300.74
雅安市	525.93	586.65	397.44	311.21
巴中市	525.98	597.72	388.09	295.53
资阳市	530.64	595.55	399.67	310.41
阿坝藏族羌族自治州	513.12	580.81	377.21	288.97
甘孜藏族自治州	515.36	577.28	385.96	301.05
凉山彝族自治州	533.69	583.87	411.23	331.03

5.2.2　基于地貌分区的潜在蒸散量变化特征分析

在 GIS 平台下分别提取不同海拔高度的潜在蒸散,并对变化特征进行分析。

(1)川东盆地地区潜在蒸散时空特征分析

由图 5-9 可以看出:川东盆地区,潜在蒸散量较大的季节为夏季,而春季、秋季与冬季川东盆地的东南部潜在蒸散量较大。夏季,川东盆地潜在蒸散量形成明显的低值区,位于眉山和雅安一带。

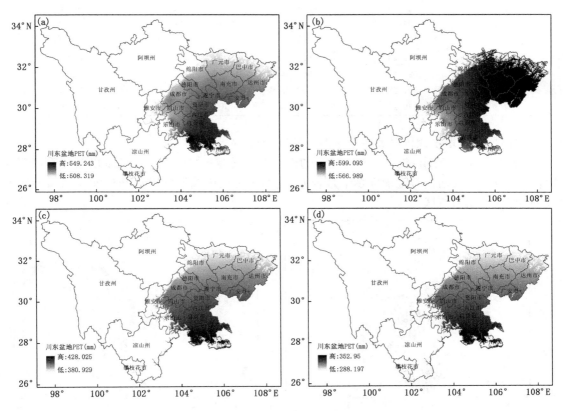

图 5-9　川东盆地区潜在蒸散量分布
(a)春季;(b)夏季;(c)秋季;(d)冬季

由 2001—2015 年川东盆地潜在蒸散量(表 5-7)可以看出:川东地区全年各季度潜在蒸散量由大到小依次为夏季、春季、秋季和冬季,且近 15 a 潜在蒸散量波动变化不明显;相比于实际蒸散而言有一个显著的特点,即春、夏两季蒸散量较接近,相应的秋、冬两季蒸散量值较接近,且春、夏两季要明显高于秋、冬两季。

表 5-7　2001—2015 年川东盆地区各季度潜在蒸散量(单位:mm)

年份	春	夏	秋	冬
2001 年	530.01	594.81	396.98	308.23
2002 年	528.31	595.19	399.11	308.90
2003 年	528.54	593.59	396.48	308.07

年份	春	夏	秋	冬
2004 年	529.08	594.18	395.92	306.56
2005 年	528.93	594.03	397.48	306.69
2006 年	530.22	599.32	398.05	309.09
2007 年	530.62	595.05	397.06	305.74
2008 年	530.14	595.27	397.74	308.72
2009 年	527.75	594.52	397.80	308.45
2010 年	525.98	593.76	397.93	306.68
2011 年	528.28	597.09	397.18	305.66
2012 年	528.87	594.09	396.04	308.66
2013 年	532.21	598.36	397.14	307.38
2014 年	528.00	594.34	397.18	308.59
2015 年	531.20	593.75	397.63	307.82
平均值	529.21	595.16	397.31	307.68

（2）高原与盆地过渡区潜在蒸散量时空特征分析

由图 5-10 可以看出：年际上具有明显的由南向北递减的趋势，春季、秋季以及冬季过渡区南缘的攀枝花以及西昌等地潜在蒸散量较大；夏季在过渡区北缘的巴中－广元－绵阳形成了"半弧形"的蒸散高值区。

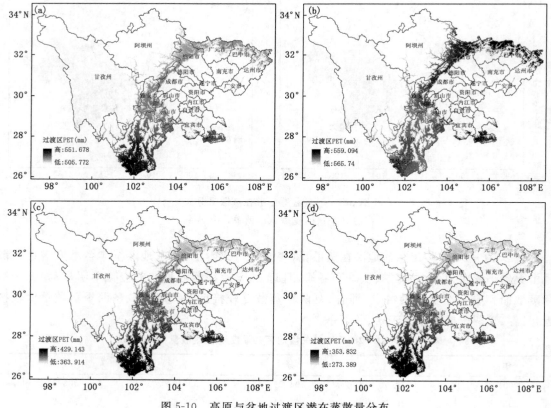

图 5-10　高原与盆地过渡区潜在蒸散量分布

（a）春季；（b）夏季；（c）秋季；（d）冬季

　　由 2001—2015 年高原与盆地过渡区潜在蒸散量(表 5-8)可以看出:过渡区全年各季度潜在蒸散量由大到小依次为夏季、春季、秋季和冬季,且近 15 a 潜在蒸散量无明显变化;全年蒸散量的 60% 以上集中在春、夏两季,且过渡区的秋季蒸散量要高于川东盆地地区和川西高原地区的秋季蒸散量。

表 5-8　2001—2015 年高原与盆地过渡区各季度潜在蒸散量(单位:mm)

年份	春	夏	秋	冬
2001 年	529.87	587.90	401.54	317.62
2002 年	529.39	588.38	402.83	318.00
2003 年	530.02	587.47	401.61	317.09
2004 年	529.55	587.12	400.72	316.68
2005 年	529.78	588.01	402.29	316.90
2006 年	530.96	591.59	402.47	317.79
2007 年	531.48	589.45	401.80	315.55
2008 年	531.00	588.95	403.16	318.36
2009 年	529.02	587.89	402.72	318.53
2010 年	528.92	587.44	401.78	316.42
2011 年	528.53	590.05	402.13	315.44
2012 年	530.29	587.28	401.21	318.55
2013 年	531.24	590.99	401.44	316.77
2014 年	530.13	587.16	402.41	317.53
2015 年	531.64	586.79	402.56	316.06
平均值	530.12	588.43	402.04	317.15

(3)川西高原区潜在蒸散量时空特征分析

　　由图 5-11 可以看出:估算得到的川西高原区的潜在蒸散量具有明显的纬向特征,即从南至北逐渐减少,也是从川西高原的南部山地向北部高原递减。川西高原地区年降雨量较少,且地表植被差异明显,常年晴天多,日照时数偏长,一定程度上导致蒸散变化具有明显的规律性。

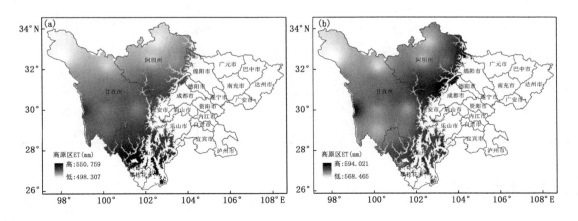

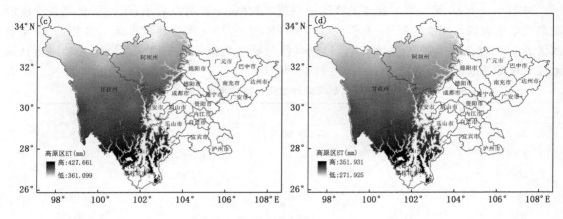

图 5-11　川西高原区潜在蒸散量分布
(a)春季;(b)夏季;(c)秋季;(d)冬季

由 2001—2015 年川西高原区潜在蒸散量(表 5-9)可以看出:川西高原区全年各季度潜在蒸散量由大到小依次为夏季、春季、秋季和冬季,且近 15 a 潜在蒸散量无明显变化;川西高原与川东盆地的蒸散量变化特点具有一致性。

表 5-9　2001—2015 年川西高原区各季度潜在蒸散量(单位:mm)

年份	春	夏	秋	冬
2001 年	514.95	578.63	386.17	301.03
2002 年	516.81	579.42	385.67	301.23
2003 年	517.27	578.01	386.58	300.25
2004 年	516.77	576.97	384.83	300.44
2005 年	515.64	578.86	386.38	302.30
2006 年	516.30	582.23	386.33	300.28
2007 年	518.53	579.73	386.56	299.98
2008 年	517.15	578.51	386.55	302.22
2009 年	518.00	578.70	387.27	301.56
2010 年	517.04	579.65	385.88	300.49
2011 年	515.87	579.76	386.60	300.37
2012 年	517.04	578.03	385.48	301.95
2013 年	516.47	581.95	385.10	300.77
2014 年	517.46	578.23	387.01	301.07
2015 年	518.11	579.31	387.50	299.15
平均值	516.89	579.20	386.26	300.87

5.3　本章小结

基于行政区划以及地貌分区对四川省的实际蒸散量和潜在蒸散量进行相关分析,通过分析发现：近 15 a 四川省实际蒸散量呈现减少趋势，实际蒸散蒸发强的地区集中在川东盆地的各市；而潜在蒸散量近 15 a 波动变化不大，在空间上春、秋、冬三季呈现出明显的南多北少的分布特征，而夏季呈现东多西少的分布规律。经研究发现，实际蒸散与潜在蒸散量在时空上的演进趋势与四川地区的降水以及多年间温度变化存在一定关系。

　　研究认为，潜在蒸散量的不明显波动变化与采用的计算模型有一定关系，Hargreaves 公式应用中仅考虑了平均温度、最高温度以及最低温度等参数，这些气象因素仅与温度相关，未考虑降水因子、风速等其他要素，因此估算上存在一定误差。

第 6 章　四川省近 15 a 的干旱变化特征分析

6.1　基于 PDSI 的四川省干旱变化特征分析

　　下载 PDSI(1979—2013 年)全球数据集,提取覆盖四川地区的格点数据,继而获得了研究区 2001—2013 年四季的 PDSI(表 6-1,图 6-1),通过分析发现:(1)就各季度的 PDSI 平均来看,四川省各季度均有干旱发生,同时根据干旱指数的波动可以看出,2006—2007 年干旱情况非常严重,2006 年秋季以及冬季的干旱指数分别为−1.5187、−1.3038,而 2007 年春季也达到了−1.3930,通过相关历史数据证实了这一情况。这一现象也同样出现在 2009—2010 年。其他年份也时有干旱发生,只是在程度上较轻。(2)从波动情况来看,夏季、秋季以及冬季的波动变化基本一致,表现为 2004—2005 年湿润程度增大,为湿润期,而 2004—2006 年春季与夏季的湿润程度逐渐降低,下降到初始湿润期,随着湿润度的继续下降,在 2006—2007 年进入特大干旱期,2008—2011 年干旱影响程度明显增大,进而发生大面积干旱,2012 年有所减轻。(3)根据 PDSI 趋势变化分析,发现四川省整体湿润程度呈下降趋势,在 2006 年或 2007 年湿润程度降到最低点;从 2007 年到 2012 年湿润程度有所变化,但总体而言是向湿润转变的。从侧面可以看出四川省的干旱程度在 2006—2007 年最为严重,随后,直到 2012—2013 年则呈现变湿的趋势。

表 6-1　2001—2013 年四川省 PDSI 变化

年份	春	夏	秋	冬
2001 年	0.5763	0.7494	−0.0887	0.2316
2002 年	0.1074	0.5203	−0.5982	−0.8941
2003 年	−0.9340	−0.5603	0.5494	0.2955
2004 年	0.3308	0.9991	0.7871	0.9411
2005 年	1.0836	1.1519	0.8660	0.7772
2006 年	0.7127	0.6421	−1.5187	−1.3038
2007 年	−1.3930	−0.8820	−0.5739	−0.7179
2008 年	−0.0790	0.3277	−0.1595	−0.1704
2009 年	−0.2273	−0.3750	−0.2881	−0.5007
2010 年	−0.6113	0.0053	0.2253	0.2106
2011 年	0.4153	0.3195	−0.4177	−0.1078
2012 年	0.3978	0.6391	1.6199	1.1653
2013 年	0.2423	0.5299	0.3735	0.5304
平均值	0.0478	0.3128	0.0597	0.0351

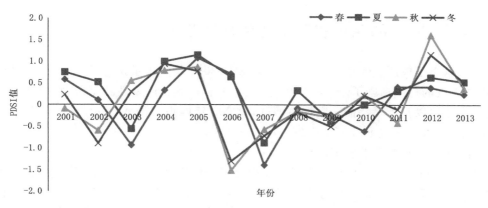

图 6-1　2001—2013 年四川省 PDSI 变化

由图 6-2 可知：PDSI 所表现的干旱特征与指数大小相反，即指数越小越干旱。春季，干旱主要集中在川东（巴中、达州、内江、自贡、宜宾）和川南的攀枝花等地，而川西地区较湿润；夏季，干旱范围进一步扩大，川东盆地的绝大多数城市都处于干旱之中，而甘孜州和阿坝州相对较湿润；秋季和冬季变化趋势一致，与夏季相比，干旱程度和范围都有所减小。

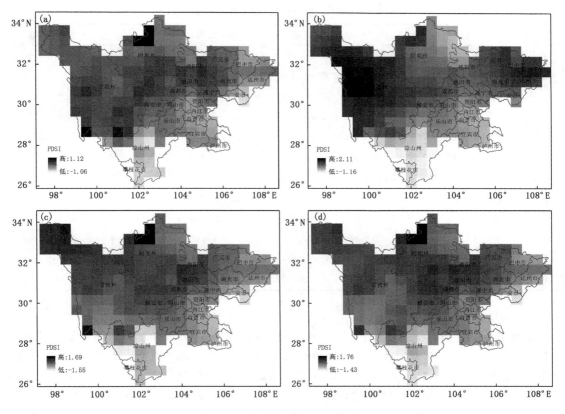

图 6-2　四川省 PDSI 四季分布
（a）春季；（b）夏季；（c）秋季；（d）冬季

6.2　基于 TVDI 的四川省干旱变化特征分析

本节选取干旱较严重的 2006 年进行相关说明,2006 年降水量达到了 1961 年以来的最低值,而高温天气的持续加剧了干旱的发生,是近年来非常具有代表性的年份,常被相关学者用来研究干旱成因以及干旱特征。数据主要选用 2006 年四川省的 MODIS 月合成归一化指数(NDVI)数据以及地表温度(LST)数据。

(1)干、湿边拟合及参数确定

表 6-2 为 2006 年各月的干、湿边拟合方程及拟合决定系数(R^2)。根据表中的值,干边的拟合度为 0.3207 ~ 0.8905,平均为 0.7023。湿边的拟合度为 0.3274 ~ 0.8601,平均为 0.7142,整体都保持较高水平。2006 年各月拟合结果的拟合度都较高,仅有个别月份的拟合度相对较低,通过对比影像和 NDVI 等原始数据,发现四川省拟合度较低的月份主要是受云雾的影响。

基于 NDVI-T_s 特征空间,通过拟合可分别获得干边和湿边方程。利用 NDVI 数据、陆地表面像元真实温度数据和干、湿边方程(表 6-2),按照式(4-4)分别计算每期数据,得到 2006 年 12 期四川省的 TVDI 数据。根据得到的 TVDI 数据可以进行下一步的旱情分析。

表 6-2　2006 年各月干、湿边方程及拟合系数

月份	干边拟合方程(T_{smax})	决定系数	湿边拟合方程(T_{smin})	决定系数
1 月	$T_{smax} = -12.8762 \times NDVI + 320.74$	$R^2 = 0.7034$	$T_{smin} = 19.3778 \times NDVI + 271.47$	$R^2 = 0.7847$
2 月	$T_{smax} = -17.704 \times NDVI + 313.90$	$R^2 = 0.8302$	$T_{smin} = 13.924 \times NDVI + 265.17$	$R^2 = 0.7208$
3 月	$T_{smax} = -19.067 \times NDVI + 320.65$	$R^2 = 0.7926$	$T_{smin} = 4.645 \times NDVI + 275.71$	$R^2 = 0.6446$
4 月	$T_{smax} = -20.927 \times NDVI + 328.34$	$R^2 = 0.8905$	$T_{smin} = 9.191 \times NDVI + 277.51$	$R^2 = 0.7279$
5 月	$T_{smax} = -19.006 \times NDVI + 329.18$	$R^2 = 0.9301$	$T_{smin} = 11.133 \times NDVI + 281.51$	$R^2 = 0.8243$
6 月	$T_{smax} = -8.994 \times NDVI + 320.93$	$R^2 = 0.8552$	$T_{smin} = 21.252 \times NDVI + 268.91$	$R^2 = 0.7265$
7 月	$T_{smax} = -7.060 \times NDVI + 319.63$	$R^2 = 0.4308$	$T_{smin} = 9.089 \times NDVI + 281.30$	$R^2 = 0.4806$
8 月	$T_{smax} = -13.184 \times NDVI + 327.15$	$R^2 = 0.6518$	$T_{smin} = 16.402 \times NDVI + 273.38$	$R^2 = 0.8607$
9 月	$T_{smax} = -7.364 \times NDVI + 317.91$	$R^2 = 0.3207$	$T_{smin} = 28.571 \times NDVI + 260.72$	$R^2 = 0.8671$
10 月	$T_{smax} = -9.998 \times NDVI + 312.52$	$R^2 = 0.5926$	$T_{smin} = 6.635 \times NDVI + 275.66$	$R^2 = 0.7598$
11 月	$T_{smax} = -9.936 \times NDVI + 309.15$	$R^2 = 0.6743$	$T_{smin} = 6.374 \times NDVI + 272.78$	$R^2 = 0.3274$
12 月	$T_{smax} = -15.243 \times NDVI + 315.16$	$R^2 = 0.7552$	$T_{smin} = 7.379 \times NDVI + 269.75$	$R^2 = 0.8460$

(2)结果分析

将表 6-2 中得到的干、湿边代入 TVDI 公式,得到四川省 2006 年的 TVDI 指数。根据吴孟泉等(2007)和张天峰等(2007)研究成果以 TVDI 作为干旱分级指标,将干旱划分为 5 级,分别是:湿润($0 < TVDI \leqslant 0.2$)、正常($0.2 < TVDI \leqslant 0.4$)、轻旱($0.4 < TVDI \leqslant 0.6$)、中旱($0.6 < TVDI \leqslant 0.8$)和重旱($0.8 < TVDI \leqslant 1.0$)。如图 6-3 所示,从各代表月份的值分类来看,四川省全年四季均有干旱发生,而且干旱程度相对较严重,同时,根据各季干旱程度分布可以看出,春季,川南地区处于重旱,川东处于中、轻旱,到夏季,旱情扩展至整个四川省,且川东地区干旱明显加重,重旱范围明显增大。以川东地区的遂宁、南充、达州等地最为严重。据旱情分布(图

6-3)可以看出,2006 年夏季四川大范围进入干旱期,且川东盆地区尤其明显,至秋季,干旱程度虽有所缓解,但干旱影响范围却明显扩大,至冬季,川东的南充、宜宾、自贡以及川南的攀枝花等地干旱情况较严重,其他地区(尤其在阿坝州和甘孜州)已无干旱。这一情况与其他学者的研究以及历史文献记载均相符(文博,2014)。

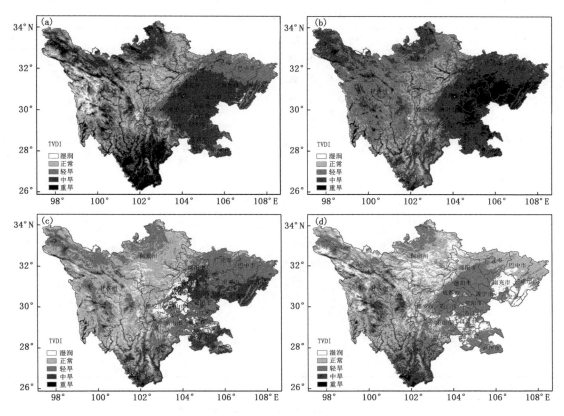

图 6-3　2006 年四川省代表月 TVDI 分布
(a)春季;(b)夏季;(c)秋季;(d)冬季

6.3　基于 EDI 的四川省干旱变化特征分析

根据定义的蒸散干旱指数公式求得多年的 EDI,由表 6-3 及图 6-4、6-5 分析:

(1)四川省干旱指数(EDI)较大,均值大于 0.5,春季 EDI 最大,其次为冬季、秋季和夏季;说明四川省整体上处于干旱易发地区,且春季和冬季干旱较严重,这符合相关文献中统计的结果(马建华,2010),每年均有干旱发生,且干旱影响范围极广。同时,从图 6-4 中还可以得到:EDI 曲线变化波动较大,尤其是 2014—2015 年,各季度均存在明显的下降趋势,2015 年夏季 EDI 达到近 15 a 的最低值,仅为 0.3702,2015 年的其他季节相对于其他年份也较低。

(2)年际变化趋势线通过 0.1 水平的显著性检验,近 15 a 间 EDI 呈不明显的下降趋势,夏、秋两季的下降趋势较春、冬两季明显,尤其是在 2012 年之后。近 15 a 春、冬两季的 EDI 出现了明显的高峰,说明发生春旱和冬旱概率较大。

（3）由时空分布（图 6-5）可知,春季和夏季,川东盆地以及川南地区干旱较严重,而阿坝和甘孜地区尚无干旱发生;秋季,干旱有向西北扩展的趋势,但相对春季,干旱程度有所缓解;冬季,干旱影响范围最大,几乎延伸至四川省全境,但川东地区仍为干旱最严重地区。据多年干旱时空分布特征发现,此地区极易发生秋、冬、春连旱,给人们的生产生活造成巨大影响。

表 6-3　2001—2015 年四川省 EDI 变化

年份	春	夏	秋	冬
2001 年	0.6455	0.5462	0.7213	0.6848
2002 年	0.6455	0.5462	0.7213	0.6949
2003 年	0.7346	0.5530	0.6373	0.6817
2004 年	0.7101	0.5603	0.6339	0.6864
2005 年	0.6638	0.5634	0.6348	0.7017
2006 年	0.7417	0.5575	0.6686	0.6898
2007 年	0.7552	0.5922	0.6350	0.7390
2008 年	0.7260	0.5769	0.6438	0.7121
2009 年	0.7445	0.5748	0.6828	0.7274
2010 年	0.7564	0.5849	0.6414	0.7366
2011 年	0.7307	0.5962	0.6494	0.7648
2012 年	0.7314	0.5579	0.6432	0.6558
2013 年	0.7285	0.5550	0.6532	0.7118
2014 年	0.7303	0.5777	0.6352	0.7068
2015 年	0.6919	0.3702	0.5102	0.6678
平均值	0.7157	0.5542	0.6474	0.7041

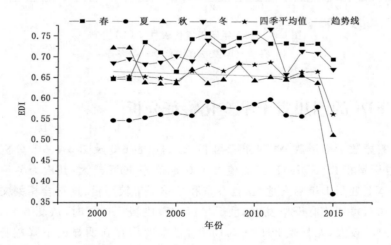

图 6-4　2001—2015 年四川省 EDI 变化

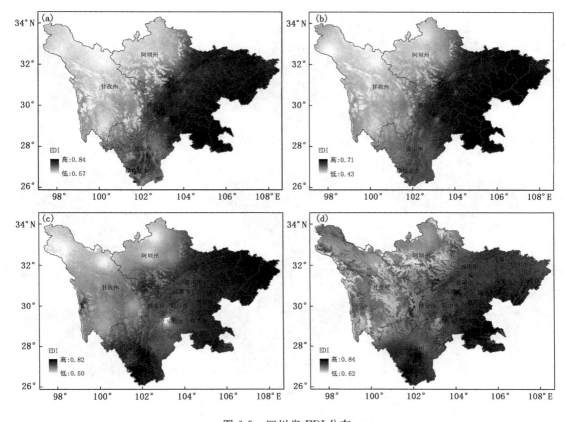

图 6-5　四川省 EDI 分布
(a)春季;(b)夏季;(c)秋季;(d)冬季

6.4　三种干旱指数在四川省干旱监测中的比较

　　以四川省 2006 年蒸散干旱指数为例,利用各季度值的空间演变特征来反映 2006 年的干旱状况,并与 TVDI 和 PDSI 所显示的干旱情况做对比。

　　由图 6-6 可知:三种指数在干旱监测方面表现出了高度的一致性,PDSI 旱情监测数值与其他两种指数相反,因此同一色度下,颜色表现也是相反的。与其他地区相比,春季川南地区干旱最严重;夏、秋季干旱集中在川东盆地地区,冬季干旱影响范围最广;就三种干旱监测结果而言,PDSI 监测的干旱阈值更低,因此发生干旱范围较其他两种指数要更广;TVDI 易受到土壤背景的影响,所以监测干旱的阈值更高,范围较 PDSI 指数要小很多;新定义的干旱指数(EDI)的干旱阈值相对其他两种指数居中,干旱监测范围介于 PDSI 及 TVDI 之间,但对于其监测的准确性需进一步验证。

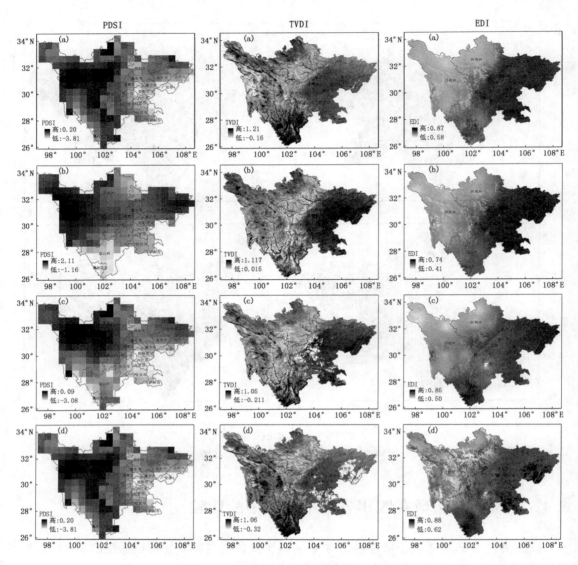

图 6-6　2006 年三种干旱指数季度分布
(a)春季；(b)夏季；(c)秋季；(d)冬季

6.5　本章小结

　　分别获得干旱产品 PDSI 以及温度植被干旱指数 TVDI，并进行干旱特征分析，研究多种干旱指数下干旱演进趋势是否一致；其次，对求得的 EDI 年际趋势以及变化特征进行了分析；最后就特殊干旱年份三种指数干旱监测结果的空间分布特征进行对比，说明不同干旱指数监测结果的异同，进一步说明新定义的蒸散干旱指数（EDI）的适用性。

第7章　四川省地表蒸散发布系统的设计与实现

　　蒸散模型一般都比较复杂,从数据获取到结果展示的过程中要涉及很多类数据的处理,也会使用到不同的软件,处理过程繁琐冗长。国内外许多学者在建立高效的遥感监测系统方面取得了很多优秀的成果,但很少有针对蒸散量计算的应用,虽然也有学者设计开发了蒸散遥感监测系统,很好地实现了蒸散量的计算以及模型结果的验证,但所设计的软件是桌面应用程序,软件依赖于具体的操作系统,跨平台性受到极大限制,不利于成果的发布展示与资源共享。随着互联网的高速发展与 WebGIS 技术的不断革新,开发一个能与网络技术紧密结合的蒸散发布监测系统具有一定的前瞻性和现实意义。

　　本章基于 ESRI 公司的 WebGIS 平台 ArcGIS Server,设计并构建了四川省地表蒸散发布系统。整个系统由用户终端(即浏览器)、GIS 应用服务器、Web 应用服务器以及空间数据服务器组成,地理空间数据和气象数据都保存在空间数据服务器中,GIS 服务器和 WEB 服务器协同工作完成数据传递和数据处理,最终在用户端展示出可视化的地表蒸散结果,实现对四川省地表蒸散信息的共享与发布展示。

7.1　四川省地表蒸散发布系统的设计

7.1.1　系统设计目标

　　四川省地表蒸散发监测系统的建设主要需要实现以下目标:

　　(1)气象数据、地理空间信息数据的存储。通过访问后台数据库完成对空间数据及气象数据的更新与修改,达到对监测数据高效安全管理的目的。

　　(2)开发完善的监测系统,能够实现对空间数据和属性数据的查询、处理、分析、更新以及蒸散发量的计算等功能。

　　(3)蒸散发量计算是整个系统最主要的目的,方便用户对四川省蒸散发量结果的获取,使用户在完成查询之后获取更为直观的可视化的结果。

　　(4)通过统计图等功能,实现对监测点的监测数据(主要为气象数据)的统计功能,方便对数据进行动态分析,并得到有价值的分析结果。

7.1.2　系统设计原则

　　系统的主要意义在能够方便地进行蒸散发量的计算,将计算结果进行发布及展示,方便使用者获取到最新的数据,因此系统在设计上应当遵循以下几项原则:

　　(1)简洁易用原则:蒸散发监测系统因考虑到可能出现的不同类型的使用者,系统在界面设计上应当简洁实用,交互体验上应当更符合使用者的操作习惯,操作简易减少使用者的学习成本,方便初次使用者快速学会系统的使用。

(2)功能实用原则:系统设计应在本身的主要功能基础上应考虑不同使用者的使用目的,尽可能满足使用者常用的不同数据的查询(如气象数据)、蒸散发量的计算、数据的统计分析和专题地图的制作等,综合利用系统具备的资源使系统能高效地满足用户的需求。

(3)安全稳定原则:数据是系统不可或缺的重要组成部分,本系统中通过后台数据库存储了丰富的空间和属性数据,这是保证系统能够良好运行的前提。系统在长时间的使用过程中,出现不稳定的系统漏洞不仅影响用户体验,同时也对整个系统的安全提出挑战,因此,建设一个具备高稳定性、高安全性能的系统,是系统设计必须考虑的首要问题。系统在设计过程中应综合考虑系统整体架构和程序优化等多方面问题,使系统能安全、稳定、高效运行。

(4)可拓展维护原则:系统在最初设计的过程中,可能会因为多种原因造成系统不完善,在经过实际使用之后使用者可能对系统提出更多的需求和更高的要求。所以在早期程序设计和功能实现时应当预留出相关接口,为后期系统升级做长远的打算,使系统具备良好的动态性、连续性。

7.1.3　系统结构设计

系统基本架构如图 7-1 所示。系统数据库采用 ESRI Geodatabase 存储和管理空间以及其他属性数据,通过同 ArcSDE 与 Microsoft SQL Sever 连接方便数据查询,前端采用 jQuery

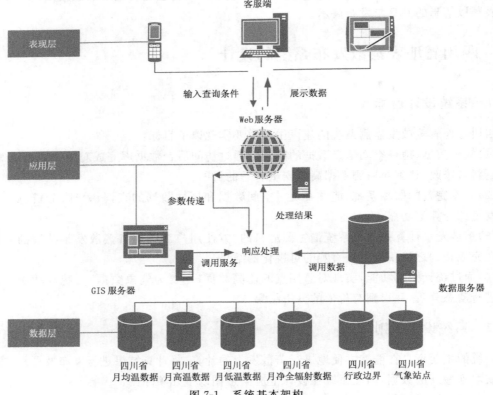

图 7-1　系统基本架构

EasyUI 框架。EasyUI 是一组基于 jQuery 的 UI 插件集合,提供了丰富的功能强大且美观的 UI 插件,风格简洁符合系统需求。同时使用 ArcGIS API for JavaScript 完成地图展示,基于 ArcGIS Server 的 GIS 服务器实现模型计算等功能,后端采用 ASP. Net 动态网页技术开发。

7.1.4　系统功能设计

系统功能模块如图 7-2 所示。

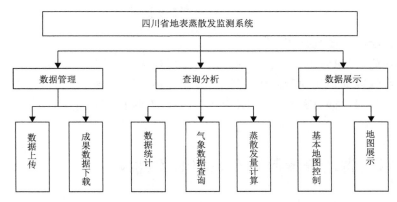

图 7-2　系统功能模块示意图

系统建设遵循简洁易用的原则,为用户提供必要的功能,主要包括:

地图展示功能:这部分功能主要包括对四川省气象站数据和四川省行政边界数据以及蒸散发数据展示。通过地图展示为用户提供必要的信息以及友好的可视化界面。

地图控制功能:提供地图的基本操作功能,包括地图放大、地图缩小、地图全图展示、上一视图、下一视图、地图平移、中心放大和中心缩小等功能。

蒸散发量计算功能:四川省地表蒸散发监测系统集成了蒸散发量的遥感计算模型,以实现蒸散发的监测,用户通过客户端输入所需要的蒸散发量信息,系统便自动调取系统数据库中相应的数据,并计算出相应的蒸散发量,绘制成图,并为用户提供下载功能(图 7-3)。

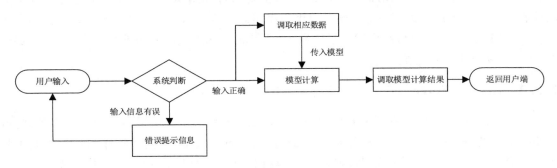

图 7-3　蒸散发量计算流程

气象数据查询功能:用户可查询到系统数据库提供的四川月最高气温数据、月最低气温数据、月平均气温数据和月净全辐射数据四类气象数据。整个操作流程如图 7-4 所示。

数据统计功能:用户可以将气象数据查询的结果以更为直观的电子表格或者统计图的方式进行展示,为用户提供统计图下载功能。其操作流程与气象数据查询类似,不同在于最终返

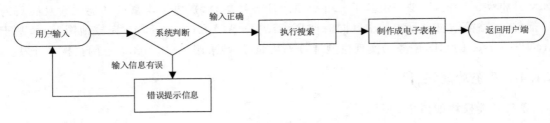

图 7-4　气象数据查询流程

回展示的结果是绘制成的统计图。

数据上传功能，考虑到系统数据库的更新频率可能无法及时满足用户的需求，数据上传是在用户无法在系统数据中找到所需要数据的情况下，用户可以通过上传自己有的、符合系统数据格式的数据至空间数据服务器，再利用系统的蒸散发量计算功能，完成蒸散量产品数据的获取。

7.2　构建四川省地表蒸散发布系统的关键技术

7.2.1　WebGIS 技术

地理信息系统自 20 世纪 60 年代出现，随着信息技术、遥感和测绘技术的不断发展，GIS 技术也得到了高速发展，期间不断出现了许多新技术。1993 年 WebGIS 技术出现，迅速发展成为热点。随着互联网技术的不断进步，基于 Internet 的 B/S（客户端/服务器）体系的不断完善，GIS 行业的国内外各大厂商相继推出了与浏览器高度结合的 WebGIS 产品，并伴随着互联网技术与地理信息技术的发展高速推进与不断普及，市面上商用的 WebGIS 软件也越来越丰富。主流的 WebGIS 技术可分为基于服务器策略的技术和基于客户端的技术两类。基于服务器策略的 WebGIS 技术主要的特征是地理信息的处理、查询、分析等功能全部由服务器端完成。相对的基于客户端策略的 WebGIS 技术主要的特征则是一部分地理信息分析处理的功能在客户端来完成。近年来 Internet 应用程序出现了新的技术，新的 WebGIS 不仅具有了传统的 GIS 功能，而且能与网络载体很好融合，开发交互能力强的网络地理信息系统，更加安全、更易于实现系统的集成。

7.2.2　ArcGIS Sever

ArcGIS for Server 是一个基于 SOA 的 WebGIS 开发平台，提供了强大的 GIS 服务器，可以跨企业或跨 Internet 共享 GIS 资源（二三维地图、地址定位器、空间数据库和地理处理工具等），并允许多个客户端（如浏览器、移动手机、桌面端应用程序）来使用这些资源来创建 GIS 应用程序。

ArcGIS for Server 是一种基于服务器的 WebGIS 平台，在互联网上用户可以访问它所提供的各种 GIS 资源和服务功能，这些服务本质上都是 Web 服务，遵循共同的 Web 访问和使用标准。ArcGIS for Server 平台不仅能够在本地部署 GIS 服务器，还可以在云基础架构上进行服务器的配置，它能够在 Windows 和 Linux 服务器环境中运行，被广泛应用于企业内部和各种 WebGIS 系统中(李冰,2014)。空间数据管理的主要功能包括:提供丰富的 Web 服务、空间可视化(映射)、在线编辑、空间分析和地理处理、实时数据处理和分析、映射为核心内容管理 Web 应用程序。ArcGIS Server REST(Representational State Transfer)是将 ArcGIS Server 提供的 REST 资源通过 HTML 表现出来的 URL。REST 是一种基于 HTTP 协议的软件架构,它是一种程序设计的风格,本身并没有包含任何新的技术,它最突出的特点就是用 URI 来描述互联网上所有的资源,与 SOAP 和 XML-RPC 相比,它显得更方便快捷,因此,当前使用 REST 风格构建的网站也越来越多(史云松,2012)。

Arcgis API for JavaScirpt 是 ESRI 根据 JavaScript 技术实现的调用 REST API 接口的一组脚本。基于 ArcGIS API for JavaScript 构建的地图应用程序可以被各种移动设备和浏览器访问。ArcGIS API for JavaScript 采用了最新的 HTML5 和 CSS3 标准,从而增加了 Web 应用程序的灵活性和交互性,提高了性能。在 ArcGIS Server 早期的版本中,开发者可以通过 ArcGIS API for Flex 或 Silverlight Viewers 来进行系统的构建,几乎不用写任何代码就可以快速地实现 WebGIS 的功能。ArcGIS Server 的 10.3 版本中增加了基于 ArcGIS API for JavaScript 的 Web App Builder,通过它,用户也能够方便地实现零代码构建一个交互式的地图应用。基于 ArcGIS for Server 的 REST API,用户可以通过浏览器访问各种服务,比如查询、要素、地图、几何对象和 GP 服务等。通过调用 GP 服务,用户可以实现 ArcGIS 所能实现的各种功能。

7.2.3 ASP. Net 技术

ASP. NET(Active Server Pages. Net,活动服务器页面)是一个 Web 应用程序开发环境,它是微软 . Net 开发环境的重要组成部分之一。ASP. Net 是基于 . Net 框架中的类库构建的,它给用户提供了一组控件和一系列开发模板,用户通过控件和模板即能快速地构建各种 Web 应用程序。通过使用 ASP. Net 提供的 Web 服务,开发者只需要通过简单对象访问协议访问该服务就能够构建 B/S 架构的系统,实现复杂的功能(杨兴凯 等,2002)。ASP. Net 是 ASP 的下一个版本,相比上一个版本的 ASP,ASP. Net 在很多关键的作用领域有了重大的升级改进,ASP. Net 可在程序编写的过程中简化大量的工作,同时还提供了许多强大的新功能,对动态网页编程技术而言可以认为是一次很彻底的更新改进。

7.2.4 空间模型服务

空间模型服务是指在服务器端实现各种空间模型的方法,它通过浏览器接收用户输入的模型参数,通过服务器返回运算的结果;空间数据和空间模型服务都可以发布在互联网上,便于 B/S 架构系统的构建(常宁宁,2011)。

地理处理是 GIS 的一个重要组成部分,所谓的地理处理,实际上是对空间数据的处理,也就是指通常意义上的空间分析(李谷君,2008)。ArcGIS 的地理处理包括了所有的空间分析的结合,通过地理处理,可以将一系列工具按顺序串联在一起,将其中一个工具的输出作为另一个工具的输入,这样可以将无数个地理处理工具(工具序列)组合在一起,从而自动执行任务和解决一些复杂的问题(江晓鹏 等,2014)。

GIS 服务可分为地理数据服务和地理处理服务。地理处理服务即是空间模型服务,这种服务发布于互联网上,ArcGIS 强大的空间分析功能即可以通过调用这种服务实现。每个地理处理服务都包含特定的地理处理任务,Web 应用程序在调用具体任务时,用户只需要输入或者选择数据,具体的处理是在服务器端完成的,然后返回有意义且有用的输出(陈鹏飞 等,2014)。

开发者可以借助于 ArcGIS 的图形建模工具——Model Builder 或 Python 脚本语言进行各种模型的构建,有了模型以后,就可以通过 ArcGIS Server 平台将生成的模型作为地理处理服务进行发布(王建明 等,2007)。

7.3　四川省地表蒸散发布系统的实现

7.3.1　系统主界面

系统主界面如图 7-5 和图 7-6 所示,系统界面由四大部分构成。系统主要以地图窗口为主,目的是为了更好地展示地图,窗口中同时包含地图控制工具、比例尺。上方为网站名称和图表统计、数据上传和数据下载三项功能。菜单窗口提供数据查询图层控制以及表格数据展示。最下方是一个隐藏的窗口,里面提供数据统计查询功能。

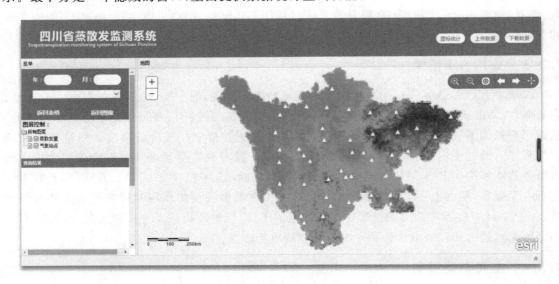

图 7-5　系统主界面 1

7.3.2　系统功能

7.3.2.1　地图数据展示

ArcGIS API for JavaScript 提供了一个 map 类(即后文中的地图类),地图类需要一个 DOM 结构,地图类通过创建一个容器将图层、图形、信息窗口和其他导航控件添加地图窗口。通常情况下,一张地图通过 DIV 元素添加到页面中,而地图的宽度和高度是根据承载 map 类对象的 DIV 容器的高度来决定的。系统中地图展示功能是首先将需要展示的地图在 Arcmap 中配置完成,并通过 ArcGIS Sever 将配置好的地图文档发布成地图服务,发布成功之后地图

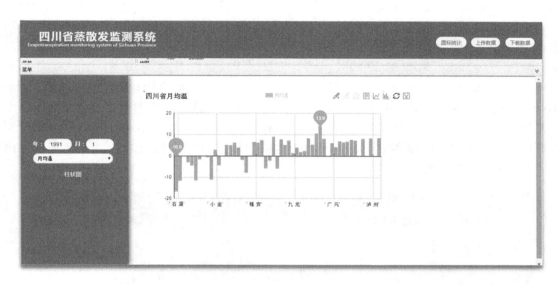

图 7-6　系统主界面 2

服务提供相应的数据接口。ArcGIS API for JavaScript 中提供了 layer 类，可创建多种类型的图层，图层的类型不同，它所能够发布的服务类型也不同，如 ArcGISDynamicMapServiceLayer 对应 2D 动态地图服务，ArcGISTiledMapServiceLayer 对应 2D 缓存地图服务，如果需要系统发布的是 2D 动态地图服务，使用 layer 类中提供的创建图层的方法，调用在 ArcGIS Sever 中发布的地图服务提供的 REST URL 创建一个地图图层，再使用 map 对象提供的 addlayer 方法将创建的地图图册加载到 map 对象中，完成地图展示功能（图 7-7）。

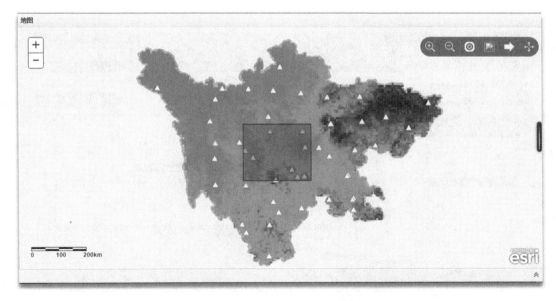

图 7-7　地图展示以及地图控制窗口

　　地图的基本控制（图 7-8）通过 ArcGIS API for JavaScript 提供 Navigation 类实现地图的基本操作，创建一个 Navigation 对象与 map 对象绑定，Navigation 提供了 Toolbar 的所有功能，对按钮绑定对应的事件，放大功能通过调用 Navigation 对象的 ZOOM_IN 方法实现，缩小功能调用 Navigation 对象的 ZOOM_OUT 方法实现，全图显示调用 Navigation 对象的 zoomToFullExtent 方法实现，上一视图；下一视图分别调用 zoomToPrevExtent、zoomToNextExtent 两个方法，但为了功能的完备性考虑，在实现视图切换时需要判断当前状态是否已经到了第一视图或者最后一个视图，Navigation 中提供了 isFirstExtent、isLastExtent 方法可用作判断依据；地图平移功能调用 Navigation 对象的 PAN 方法实现。地图展示中比例尺则由 API 中 Scalebar 类实现（图 7-9）。

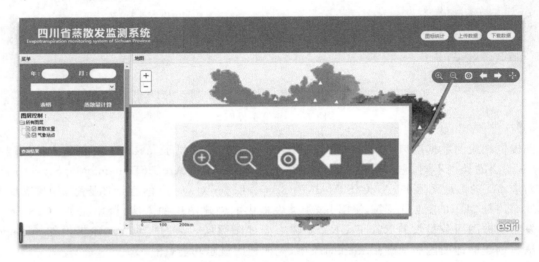

图 7-8　地图控制工具

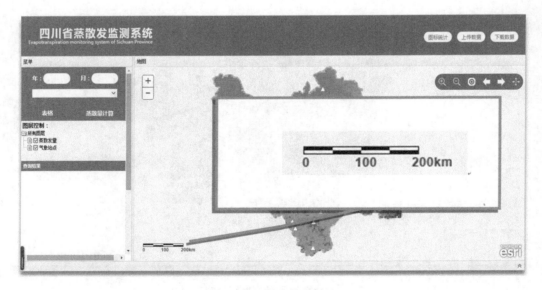

图 7-9　地图中的比例尺

图层控制(图7-10)使用到了 Easy UI 的树组件,将图层作为组件的节点信息,在其点击事件中添加图层的显示隐藏功能,通过树组件中的 checkbox 的状态控制 layer 中 setVisibility 属性实现图层的显示和隐藏。

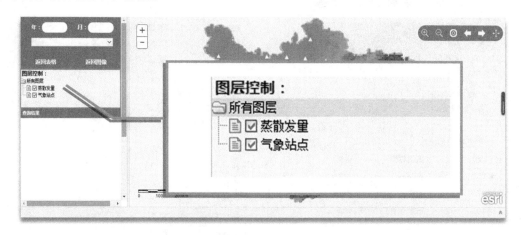

图 7-10 图层控制

7.3.2.2 气象数据查询

气象数据查询的实现过程主要用到了 Ajax 和 ASP. Net。Ajax 技术可实现局部刷新。ASP. Net 则是将 Datatable 解析为 json 序列的技术。整个过程为首先在前端使用 jQuery 获取用户输入的查询信息,通过 Ajax 将输入信息以参数形式传递给后台处理程序,后台处理程序首先执行搜索,从空间数据库中查询出对应年份月份的气象数据,存放在 DataTable 中,然后再从 DataTable 提取出各行各列的字段以及字段值,按照 json 的格式,放置在一个可变的字符序列中,最终返回这个字符序列。前端接收到返回的结果后将其序列转化成一个 json 对象,最后利用 EasyUI 中 Datagrid 组件,将 json 作为数据源绑定给 Datagrid,最终查询的结果数据以电子表格的形式在浏览器端展示。

7.3.2.3 统计图制作

统计图的功能与气象数据查询过程类似,也是从获取用户输入的参数信息开始。参数通过 ajax 传递至后台处理程序,程序根据参数信息查询出相应的数据,查询结果暂时存放在 DataTable 中,再提取出 DataTable 各个字段和字段值,将其转换成一个 json 字符串,不同的是根据图表统计插件的要求,在字符串转换的过程中字段值的格式必须与插件中对应的数据源格式一致,最后返回至前端,前端将字符串序列转化成 json 对象。统计图生成用到的是 EasyUI 框架以外的插件 ECharts。ECharts 是基于 HTML5 Canvas 开发,是一个纯 Javascript 图表库,开源自百度商业前端数据可视化团队,能够为用户提供各种可视化图表,这些图表能够直观、生动地显示后台服务器返回的数据,具有良好的可交互性,并支持个性化定制。和一般的表格工具相比,ECharts 的拖拽重计算、数据视图、值域漫游等特性具有一定的创新性,大大增强了用户体验,方便用户进行数据的挖掘和整合(姚梦晗,2015)。根据功能需求,系统使用了 Echarts 中的柱状图统计功能。通过将 json 对象中的字段以参数形式传递给插件作为数据源,实现数据的动态显示。最后客户端显示的是一个直观的柱状统计图(图7-11—图7-13)。

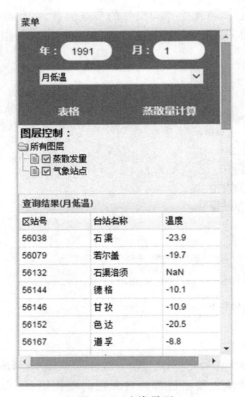

图 7-11　查询界面

区站号	台站名称	温度
56038	石渠	-23.9
56079	若尔盖	-19.7
56132	石渠洛须	NaN
56144	德格	-10.1
56146	甘孜	-10.9
56152	色达	-20.5
56167	道孚	-8.8
56171	阿坝	NaN
56172	马尔康	-7.5
56173	红原	-21.8
56178	小金	-2.7
56182	松潘	-11.1
56187	温江	NaN
56188	都江堰	2.8
56193	平武	2
56196	绵阳	3.4
56247	巴塘	-3.2

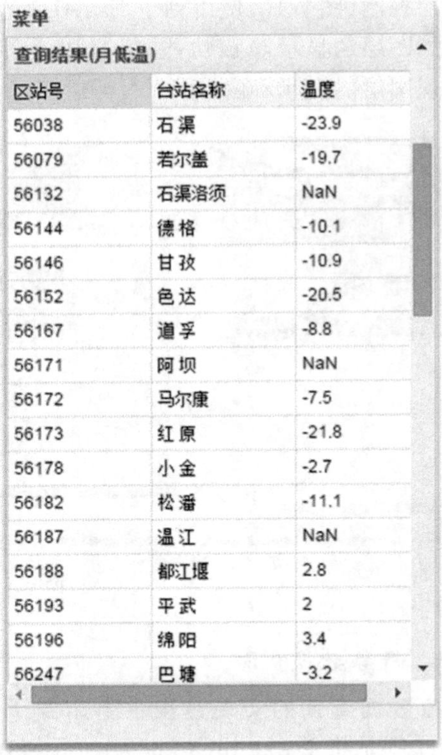

图 7-12　查询结果

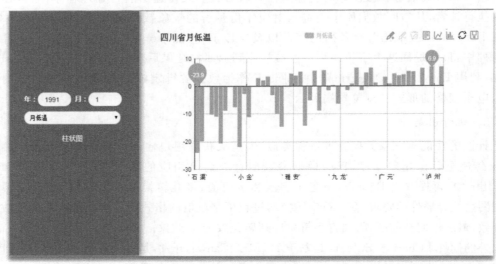

图 7-13　数据统计

7.3.2.4　蒸散发数据计算

ArcGIS for Sever 中可发布地理处理服务，在互联网中，可以通过访问地理处理服务实现数据处理和各种空间分析功能。具体的地理处理任务由地理处理服务提供，可以通过 Web 应用程序获取执行任务所必需的参数数据，并对数据进行相应的处理，根据地理处理任务的预先设计返回相应类型的结果数据。创建地理处理服务,首先根据需要设计蒸散发量计算的数据处理模型,确定整个数据的处理过程,然后在 ArcGIS Desktop 的 Modelbuilder 中建立处理模型,模型的输入参数和输出参数就是地理处理任务参数,模型运行成功之后,将其通过 ArcGIS Sever 发布为一个地理处理服务,发布完成之后即可通过 ArcGIS API for JavaScript 中提供的 Geoprocessor 类创建地理处理对象,利用 the ArcGIS Server REST API 中提供的地理处理服务接口,创建一个地理处理任务,通过前端将系统中空间数据库中的数据包括空间数据、属性数据以模型参数传递给地理处理任务,地理处理任务在 GIS 服务器中完成对数据处理,发布服务设置查看处理结果可同时生产一个地图服务,通过调用这个地图服务查看处理结果(图 7-14、图 7-15)。

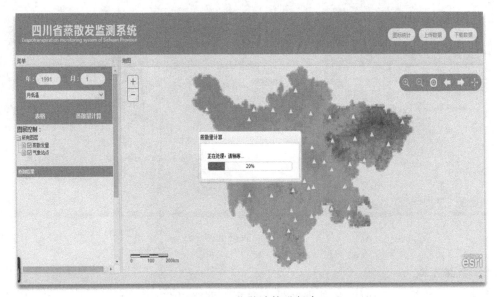

图 7-14　蒸散计算进行中

图 7-15　蒸散计算结果

7.3.2.5 数据上传

数据上传功能通过 DropzonJS 实现。DropzoneJS 是一个可实现拖放上传文件,并且可实现图像文件预览的轻量级开源库。类似 jQuery,DropzoneJS 不需要依赖任何其他库。其界面简洁美观,符合系统的要求,使用方便,功能实用性很强。与 ASP. net 技术结合,ASP. Net 中 HttpPostedFile 对象提供了已上传文件的单独访问,HttpContext 可获取到服务器路径,主要通过这两个对象实现文件保存。界面如图 7-16 所示。

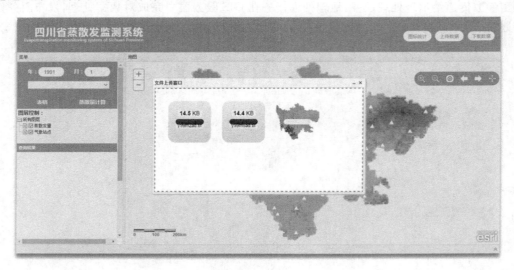

图 7-16　数据上传

7.3.2.6 数据下载

系统提供了数据下载功能,将数据文件夹共享至网络,用户可在系统相应页面中定位到需要的资源实现 FTP 下载(图 7-17)。

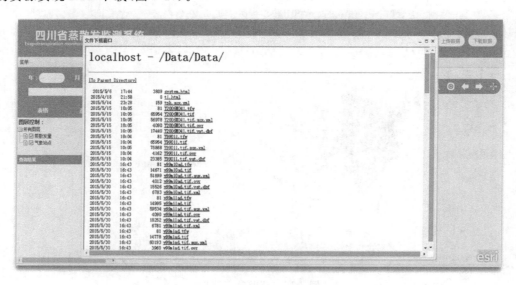

图 7-17　数据下载

7.4　本章小结

从系统的设计目标和系统的设计原则出发,介绍了系统总体架构、系统功能模块以及数据需求和组织,及最终完成的四川省地表蒸散发布系统的设计方案。在构建四川省地表蒸散发布系统的过程中,完成了四川气象数据和四川空间数据的采集,根据系统功能实现的方案对数据做了科学的处理,完成了系统数据库建设;实现了地图展示功能,且用户可实现对地图的基本操作包括拉框放大缩小、中心放大缩小、平移、全图显示、上一视图、下一视图以及地图图层控制等功能。实现了蒸散量的实时计算,并为用户提供数据上传、成果数据下载等功能,实现地图属性数据查询、地图属性数据的统计与统计图的输出功能。

参考文献

阿迪来·乌甫,玉素甫江·如素力,热伊莱·卡得尔,等,2017.基于 MODIS 数据的新疆地表蒸散量时空分布及变化趋势分析[J].地理研究,36(7):1245-1256.

邴龙飞,苏红波,邵全琴,等,2012.近 30 年来中国陆地蒸散量和土壤水分变化特征分析[J].地球信息科学学报,14(1):1-13.

常宁宁,2011.基于军用模拟训练系统的地理信息系统选优[J].科技信息(29):473,475.

陈东东,王晓东,王森,等,2017.四川省潜在蒸散量变化及其气候影响因素分析[J].中国农业气象,38(9):548-557.

陈鹏飞,程杰,2014.广东省增城市农业资源数据服务系统构建[J].中国农学通报,30(29):306-313.

陈权亮,华维,熊光明,等,2010.2008—2009 年冬季我国北方特大干旱成因分析[J].干旱区研究,27(2):182-187.

陈添宇,陈乾,李宝梓,2006.用卫星资料反演中国西北地区东部蒸散量的遥感模型[J].水科学进展,17(6):834-840.

陈维英,肖乾广,盛永伟,1994.距平植被指数在 1992 年特大干旱监测中的应用[J].遥感学报,36(2):106-112.

陈效孟,1995.四川干旱指数及其预报[J].高原山地气象研究(2):1-5.

崔亚莉,徐映雪,邵景力,等,2005.应用遥感方法研究黄河三角洲地表蒸发及其与下垫面关系[J].地学前缘,12(S1):159-165.

董煜,陈学刚,2015.新疆参考作物蒸散量敏感性分析[J].灌溉排水学报,34(8):82-86.

段海霞,王劲松,刘芸芸,等,2013.2009/2010 年我国西南秋冬春连旱特征及其大气环流异常分析[J].冰川冻土,35(4):1022-1035.

段莹,王文,蔡晓军,2013.PDSI、SPEI 及 CI 指数在 2010/2011 年冬、春季江淮流域干旱过程的应用分析[J].高原气象,32(4):1126-1139.

范建忠,李登科,高茂盛,2014.基于 MOD16 的陕西省蒸散量时空分布特征[J].生态环境学报,23(9):1536-1543.

冯景泽,王忠静,2012.遥感蒸散发模型研究进展综述[J].水利学报,39(8):914-925.

冯起,张艳武,司建华,等,2009.土壤-植被-大气模式中水分和能量传输研究进展[J].中国沙漠,29(1):143-150.

高彦春,龙笛,2008.遥感蒸散发模型研究进展[J].遥感学报,12(3):515-528.

龚艳冰,张继国,刘高峰,等,2015.基于 SPI 指数与 R/S 分析的曲靖市干旱特征研究[J].干旱地区农业研究,33(3):273-277.

郭斌,王珊,邓梦雨,2016.基于 SPI 指数的若尔盖及其临近地区降水变化特征分析[J].高原山地气象研究,36(3):53-56.

郭铌,王小平,2015.遥感干旱应用技术进展及面临的技术问题与发展机遇[J].干旱气象,(1):1-18.

韩兰英,张强,姚玉璧,等,2014.近 60 年中国西南地区干旱灾害规律与成因[J].地理学报,69(5):632-639.

郝振纯,周旋,鞠琴,等,2015.雅鲁藏布江流域实际蒸散量时空分布分析[J].三峡大学学报(自然科学版),37(4):1-5.

何斌,王全九,吴迪,等,2017.基于主成分分析和层次分析法相结合的陕西省农业干旱风险评估[J].干旱地区农业研究,35(1):219-227.

何慧娟,卓静,董金芳,等,2015.基于 MOD16 监测陕西省地表蒸散变化[J].干旱区地理,38(5):960-967.

贺广均,冯学智,肖鹏峰,等,2015.一种基于植被指数-地表温度特征空间的蒸散指数[J].干旱区地理,38(5):887-899.

侯美亭,赵海燕,王筝,等,2013.基于卫星遥感的植被 NDVI 对气候变化响应的研究进展[J].气候与环境研究,18(3):353-364.

侯英雨,张佳华,柳钦火,2005.基于 MODIS 产品数据的植被温度状态指数的干旱监测研究[C]//中国气象学会 2005 年年会论文集.

胡龙颂,张行南,夏达忠,等,2016.基于垂向混合产流模型的综合干旱指数新方法及其应用[J].水电能源科学(4):11-14.

胡悦,杜灵通,侯静,等,2017.基于 SPI 指数的宁夏中部干旱带 1960-2012 年干旱特征研究[J].干旱地区农业研究,35(2):255-262.

黄刚,2006.与华北干旱相关联的全球尺度气候变化现象[J].气候与环境研究,11(3):270-279.

江晓鹏,方源敏,黄贝莹,2014.ArcGIS 环境下 CAD 数据转换模型构建[J].昆明理工大学学报自然科学版(4):37-42.

李冰,2014.WebGIS 下的黑龙江省植被 NPP 碳汇分析系统[D].哈尔滨:东北林业大学.

李晨,崔宁博,魏新平,等,2015.改进 Hargreaves 模型估算川中丘陵区参考作物蒸散量[J].农业工程学报,31(11):129-135.

李川,陈静,朱燕君,2004.川西高原气温及降水年际变化的研究[C]//中国气象学会 2004 年年会论文集.北京:中国气象学会:405-411.

李放,沈彦俊,2014.地表遥感蒸散发模型研究进展[J].资源科学,36(7):1478-1488.

李谷君,2008.基于 ArcGIS Server 的城市地价信息发布系统设计与实现[D].赣州:江西理工大学.

李红梅,王钊,高茂盛,2015.CI 指数的改进及其在陕西省的适用性分析[J].干旱地区农业研究,33(3):260-266.

李剑锋,张强,陈晓宏,等,2012.基于标准降水指标的新疆干旱特征演变[J].应用气象学报,23(3):322-330.

李锐,郭新阳,2015.基于不同植被覆盖度的高海拔地区地物判绘的方法讨论[J].地球(4):248,239.

李树岩,刘荣花,师丽魁,等,2009.基于 CI 指数的河南省近 40a 干旱特征分析[J].干旱气象,27(2):97-102.

李伟光,陈汇林,朱乃海,等,2009.标准化降水指标在海南岛干旱监测中的应用分析[J].中国生态农业学报,17(1):178-182.

李星敏,卢玲,杨文峰,等,2009.遥感技术在区域农田蒸散研究中的应用[J].西北农林科技大学学报自然科学版,37(8):161-170.

李兴华,李云鹏,杨丽萍,2014.内蒙古干旱监测评估方法综合应用研究[J].干旱区资源与环境,28(3):162-166.

李韵婕,任福民,李忆平,等,2014.1960—2010 年中国西南地区区域性气象干旱事件的特征分析[J].气象学报,72(2):266-276.

林巧,王鹏新,张树誉,等,2016.不同时间尺度条件植被温度指数干旱监测方法的适用性分析[J].干旱区研究,33(1):186-192.

刘安麟,李星敏,何延波,等,2004.作物缺水指数法的简化及在干旱遥感监测中的应用[J].应用生态学报,15(2):210-214.

刘波,马柱国,冯锦明,等,2008.1960 年以来新疆地区蒸发皿蒸发与实际蒸发之间的关系[J].地理学报,63(11):1131-1139.

刘昌明,张丹,2011.中国地表潜在蒸散发敏感性的时空变化特征分析[J].地理学报,66(5):579-588.

刘冲,齐述华,汤林玲,等,2016.植被恢复与气候变化影响下的鄱阳湖流域蒸散时空特征[J].地理研究,35

　　　(12):2373-2383.

刘珂,姜大膀,2015.基于两种潜在蒸散发算法的 SPEI 对中国干湿变化的分析[J].大气科学,39(1):23-36.

刘敏,沈彦俊,曾燕,等,2009.近 50 年中国蒸发皿蒸发量变化趋势及原因[J].地理学报,64(3):259-269.

刘世梁,田韫钰,尹艺洁,等,2016.云南省植被 NDVI 时间变化特征及其对干旱的响应[J].生态学报,36
　　　(15):4699-4707.

刘树华,于飞,刘和平,等,2006.干旱、半干旱地区蒸散过程的模式研究[J].北京大学学报网络版(3):
　　　359-366.

刘秀红,李智才,刘秀春,等,2011.山西春季干旱的特征及成因分析[J].干旱区资源与环境,25(9):156-160.

刘雅妮,武建军,夏虹,等,2005.地表蒸散遥感反演双层模型的研究方法综述[J].干旱区地理,28(1):65-71.

刘彦平,蔡焕杰,2015.基于标准化降水指数 SPI 的泾惠渠灌区干旱演变对冬小麦气候产量的影响[J].干旱
　　　地区农业研究,33(3):267-272.

卢海新,陈并,2010.同安干旱成因分析及其对农业生产的影响[J].中国农业气象,31(s1):144-146.

马建华,2010.西南地区近年特大干旱灾害的启示与对策[J].人民长江,41(24):7-12.

马雪宁,张明军,王圣杰,等,2012."蒸发悖论"在黄河流域的探讨[J].地理学报,67(5):645-656.

马有绚,张武,向亚飞,等,2017.西北干旱半干旱地区植被指数对气温和水分因子的响应[C]// 第 34 届中国
　　　气象学会年会 S4 重大气象干旱成因、物理机制、监测预测与影响.

米红波,谭桂容,彭洁,等,2016.基于 CI 指数的湘西自治州干旱变化特征[J].干旱气象,34(2):223-233.

潘建华,刘晓琼,2006.四川省 2006 年盛夏罕见高温干旱分析[J].高原山地气象研究,26(4):12-14.

潘妮,卫仁娟,詹存,等,2017.干旱指数在四川省的适用性分析[J].南水北调与水利科技,15(4):71-78.

裴步祥,1985.蒸发和蒸散的测定与计算方法的现状及发展[J].气象科技(2):69-75.

齐冬梅,李跃清,王莺,等,2017.基于 Z 指数的四川干旱时空分布特征[J].干旱气象,35(5):734-744.

祁添垚,张强,王月,等,2015.1960—2005 年中国蒸发皿蒸发量变化趋势及其影响因素分析[J].地理科学,35
　　　(12):1599-1606.

乔平林,张继贤,王翠华,等,2006.区域蒸散发量的遥感模型方法研究[J].测绘科学,31(3):45-46.

卿清涛,张顺谦,侯美亭,2007.基于 NOAA/AVHRR 资料的四川干旱监测研究[C]//2007 环境遥感学术年
　　　会——自然灾害遥感专题研讨会.

曲学斌,2015.基于 CI 的呼伦贝尔市 40 年生长季气象干旱强度分析[J].气象科技,43(1):103-107.

荣艳淑,周云,王文,2011.淮河流域蒸发皿蒸发量变化分析[J].水科学进展,22(1):15-22.

申广荣,田国良,1998.作物缺水指数监测旱情方法研究[J].干旱地区农业研究,16(1):123-128.

沈彦军,李红军,雷玉平,2013.干旱指数应用研究综述[J].南水北调与水利科技,11(4):128-133.

沈永平,王国亚,2013.IPCC 第一工作组第五次评估报告对全球气候变化认知的最新科学要点[J].冰川冻
　　　土,35(5):1068-1076.

石崇,刘晓东,2012.1947—2006 年东半球陆地干旱化特征——基于 SPEI 数据的分析[J].中国沙漠,32(6):
　　　1691-1701.

史云松,2012.基于 ArcGIS Server 的网络地图服务系统研究与实现[D].南京:南京林业大学.

隋洪智,田国良,李付琴,1997.农田蒸散双层模型及其在干旱遥感监测中的应用[J].遥感学报,1(3):
　　　220-224.

孙德亮,吴建峰,李威,等,2016.基于 SPI 指数的近 50 年重庆地区干旱时空分布特征[J].水土保持通报,36
　　　(4):197-203.

田国良,郑柯,李付琴,等,1990.用 NOAA-AVHRR 数字图像和地面气象站资料估算麦田的蒸散和土壤水分
　　　[C]//黄河流域典型地区遥感动态研究.北京:科学出版社:161-175.

田国良,杨希华,1992.冬小麦旱情遥感监测模型研究[J].遥感学报(2):83-89.

田国珍,武永利,梁亚春,等,2016.基于蒸散发的干旱监测及时效性分析[J].干旱区地理,39(4):721-729.

田静,苏红波,陈少辉,等,2012.近20年来中国内陆地表蒸散的时空变化[J].资源科学,34(7):1277-1286.

田甜,黄强,郭爱军,等,2016.基于标准化降水蒸散指数的渭河流域干旱演变特征分析[J].水力发电学报,35(2):16-27.

田义超,梁铭忠,胡宝清,2015.2000—2013年北部湾海岸带蒸散量时空动态特征[J].农业机械学报,46(8):146-158.

王春宇,2016.修正PDSI指数在辽宁中东部地区干旱频率分析中的应用研究[J].水利规划与设计(6):25-27.

王建明,王锐,周海卉,等,2007.基于ArcGIS Server的分布式地理处理服务模型研究[C]//中国地理信息系统协会第四次会员代表大会暨第十一届年会论文集.

王丽娟,郭铌,杨启东,等,2016.基于MODIS遥感产品估算西北半干旱区的陆面蒸散量[J].高原气象,35(2):375-384.

王莉萍,2010.西南干旱的成因与对策[J].中国农村水利水电(8):68-69.

王玲玲,2015.基于多源遥感数据四川省伏旱监测[D].成都:成都信息工程学院.

王佩,邱国玉,尹婧,等,2008.泾河流域温度与器皿蒸发量时空特征及变化趋势[J].干旱气象,26(1):17-22.

王鹏涛,延军平,蒋冲,等,2016.2000—2012年陕甘宁黄土高原区地表蒸散时空分布及影响因素[J].中国沙漠,36(2):499-507.

王素萍,段海霞,冯建英,2010.2009/2010年冬季全国干旱状况及其影响与成因[J].干旱气象,28(1):107-112.

王文,李亮,蔡晓军,2015.CI指数及SPEI指数在长江中下游地区的适用性分析[J].热带气象学报,31(3):403-416.

王文,许志丽,蔡晓军,等,2016.基于PDSI的长江中下游地区干旱分布特征[J].高原气象,35(3):693-707.

王文亚,张鑫,王云,等,2016.青海省东部高原植被对干旱的响应研究[J].中国农村水利水电(6):94-98.

王鑫,陈东东,李金建,等,2015.基于MODIS的温度植被干旱指数在四川盆地盛夏干旱监测中的适用性研究[J].高原山地气象研究,35(2):46-51.

王艳君,姜彤,许崇育,等,2005.长江流域1961—2000年蒸发量变化趋势研究[J].气候变化研究进展,1(3):99-105.

王莺,李耀辉,胡田田,2014.基于SPI指数的甘肃省河东地区干旱时空特征分析[J].中国沙漠,34(1):244-253.

王兆礼,李军,黄泽勤,等,2016.基于改进帕默尔干旱指数的中国气象干旱时空演变分析[J].农业工程学报,32(2):161-168.

文博,2014.四川省干旱时空分布特征研究[D].成都:四川师范大学.

吴孟泉,崔伟宏,李景刚,2007.温度植被干旱指数(TVDI)在复杂山区干旱监测的应用研究[J].干旱区地理,30(1):30-35.

吴霞,王培娟,霍治国,等,2017.1961—2015年中国潜在蒸散时空变化特征与成因[J].资源科学,39(5):964-977.

吴燕锋,巴特尔·巴克,罗那那,2017.1961—2012年北疆干旱时空变化[J].中国沙漠,37(1):158-166.

吴泽新,郑光辉,张荣霞,2009.2008/2009年度德州市小麦越冬期旱灾加重的成因分析[J].中国农业气象,30(s2):320-323.

肖宇,马柱国,李明星,2017.陆面模式中土壤湿度影响蒸散参数化方案的评估[J].大气科学,41(1):132-146.

谢清霞,李刚,袁晨,等,2016.基于CI指数的西南地区1961-2012年春季干旱分布特征[J].沙漠与绿洲气象,10(4):53-58.

熊光洁,张博凯,李崇银,等,2013.基于SPEI的中国西南地区1961—2012年干旱变化特征分析[J].气候变化研究进展,9(3):192-198.

轩俊伟,郑江华,刘志辉,2016.基于 SPEI 的新疆干旱时空变化特征[J]. 干旱区研究,33(2):338-344.

严坤,王玉宽,徐佩,等,2018. Hargreaves 法在岷江源区适用性及未来参考作物蒸散量预测[J].农业机械学报
　　(4):1-13.

杨建平,丁永建,陈仁升,等,2003. 近 40a 中国北方降水量与蒸发量变化[J]. 干旱区资源与环境,17(2):6-11.

杨淑群,潘建华,柏建,2006.2006 年四川极端高温干旱分析[C]// 2006 年灾害性天气预报技术论文集.

杨兴凯,徐卫华,2002.用 ASP.Net 实现文件上传[J]. 计算机时代(6):1-2.

杨秀芹,王磊,王凯,2015. 基于 MOD16 产品的淮河流域实际蒸散发时空分布[J]. 冰川冻土,37(5):
　　1343-1352.

杨永辉,渡边正孝,王智平,等,2004.气候变化对太行山土壤水分及植被的影响[J]. 地理学报,59(1):56-63.

杨允凌,杨丽娜,王晓娟,等,2013. 河北邢台地区蒸发皿蒸发量的变化特征及影响因素[J]. 干旱气象,31(1):
　　82-88.

姚梦晗,2015.CHAIRS 系统安全事件可视化分析功能的实现[D]. 南京:东南大学.

尹云鹤,吴绍洪,赵东升,等,2012.1981—2010 年气候变化对青藏高原实际蒸散的影响[J]. 地理学报,67
　　(11):1471-1481.

于伯华,吕昌河,吕婷婷,等,2009.青藏高原植被覆盖变化的地域分异特征[J]. 地理科学进展,28(3):
　　391-397.

喻元,2015.基于 CWSI 与 TVDI 的关中地区干旱监测对比与干旱时空特征研究[D]. 西安:陕西师范大学.

袁文平,周广胜,2004. 标准化降水指标与 Z 指数在我国应用的对比分析[J]. 植物生态学报,28(4):523-529.

张本兴,潘云,李小娟,2012.中国不同气候区域 Hargreaves 模型的修正[J]. 地理与地理信息科学,28(1):55-
　　58,117.

张方敏,居为民,陈镜明,等,2010,基于 BEPS 生态模型对亚洲东部地区蒸散量的模拟[J]. 自然资源学报,25
　　(9):1596-1606.

张树誉,孙威,王鹏新,2010,条件植被温度指数干旱监测指标的等级划分[J]. 干旱区研究,27(4):600-606.

张顺谦,冯建东,2012.四川盛夏伏旱的 MODIS 遥感监测方法[J]. 高原山地气象研究,32(1):51-55.

张天峰,王劲松,郭江勇,2007.西北地区秋季干旱指数的变化特征[J]. 干旱区研究,24(1):87-92.

张婷婷,2013. 湘江流域蒸发皿蒸发量的变化趋势及原因分析[D]. 长沙:湖南师范大学.

张文江,陆其峰,高志强,等,2008.基于水分距平指数的 2006 年四川盆地东部特大干旱遥感响应分析[J]. 中
　　国科学 D 辑(地球科学),38(2):251-260.

张圆,郑江华,刘志辉,等,2016.基于 Landsat 8 与 GEOEYE-1 数据融合的天山北坡县域蒸散量计算——以呼
　　图壁县为例[J]. 中国沙漠,36(2):508-514.

赵焕,徐宗学,赵捷,2017.基于 CWSI 及干旱稀遇程度的农业干旱指数构建及应用[J]. 农业工程学报,33
　　(9):116-125.

赵永,蔡焕杰,王健,等,2004.Hargreaves 计算参考作物蒸发蒸腾量公式经验系数的确定[J]. 干旱地区农业
　　研究,22(4):44-47.

周倜,彭志晴,辛晓洲,等,2016.非均匀地表蒸散遥感研究综述[J]. 遥感学报,20(2):257-277.

周扬,李宁,吉中会,等,2013.基于 SPI 指数的 1981—2010 年内蒙古地区干旱时空分布特征[J]. 自然资源学
　　报,28(10):1694-1706.

朱业玉,潘攀,匡晓燕,等,2011.河南省干旱灾害的变化特征和成因分析[J]. 中国农业气象,32(2):311-316.

庄晓翠,张林梅,阿志肯,等,2009.阿勒泰地区暖季蒸发变化特征及与气象因子的关系[J]. 干旱气象,27(3):
　　213-219.

邹旭恺,任国玉,张强,2010.基于综合气象干旱指数的中国干旱变化趋势研究[J]. 气候与环境研究,15(4):
　　371-378.

AKINREMI O O,MCGINN S M,1996. Evaluation of the Palmer drought index on the Canadian prairies[J].

Journal of Climate,9(5):897-905.

ALLEY W M,1984. The Palmer drought severity index:Limitations and assumptions[J]. Journal of Climate and Applied Meteorology,23(7):1100-1109.

ARNELL N,LIU C Z,2001. Hydrology and Water Resources,in Climate Change 2001:Impacts,Adaptation, and Vulnerability——Contribution of Working Group II to the Third Assessment Report of the Intergovernmental Panel on Climate Change[M]. New York:Cambridge University Press:197-198.

BAHMANI O,SABZIPARVAR A A,KHOSRAVI R,2017. Evaluation of yield,quality and crop water stress index of sugar beet under different irrigation regimes[J]. Water Science & Technology Water Supply,17 (2):571-578.

BAI J J,YU Y,DI L P,2017. Comparison between TVDI and CWSI for drought monitoring in the Guanzhong Plain,China[J]. Journal of Integrative Agriculture,16(2):389-397.

BRUTSAERT W,2006. Indications of increasing land surface evaporation during the second half of the 20th century[J]. Geophysical Research Letters,33(20):382-385.

BRUTSAERT W,PARLANGE M B,1998. Hydrologic Cycle Explains the Evaporation Paradox[J]. Nature, 396(6706):30-30.

CHATTOPADHYAY N,HULME M,1997. Evaporation and potential evapotranspiration in India under conditions of recent and future climate change[J]. Agricultural & Forest Meteorology,434(1):55-73.

COHEN S,IANETZ A,STANHILL G,2002. Evaporative climate changes at Bet Dagan,Israel,1964—1998 [J]. Agricultural & Forest Meteorology,111(2):83-91.

DAI A,TRENBERTH K E,KARL T R,1998. Global variations in droughts and wet spells:1900—1995[J]. Geophys. res. lett,25(25):3367-3370.

DAI A,TRENBERTH K E,QIAN T,2004. A global dataset of Palmer Drought Severity Index for 1870-2002: Relationship with soil moisture and effects of surface warming[J]. Journal ofHydrometeorology,5(6): 1117-1130.

DAVIES J A,ALLEN C D,1973. Equilibrium,potential and actual evaporation from cropped surfaces in southern Ontario[J]. Journal of Applied Meteorology,12:649-657.

EKLUNDH L,1998. Estimating relations between AVHRR NDVI and rainfall in East Africa at 10-day and monthly time scales[J]. International Journal of Remote Sensing,19(3):563-570.

FERNANDES R,BUTSON C,LEBLANC S,et al,2003. Landsat-5 TM and Landsat-7 ETM+ based accuracy assessment of leaf area index products for Canada derived from SPOT-4 VEGETATION data[J]. Canadian Journal of Remote Sensing,29(2):241-258.

GAO G,CHEN D L,REN G Y,et al,2006. Spatial and temporal variations and controlling factors of potential ET in China:1956—2000[J]. Journal of Geographical Sciences,16(1):3-12.

GAO G,CHEN D L,XU C Y,et al,2007. Trend of estimated actual evapotranspiration over China during 1960 —2002[J]. Journal of Geophysical Research,112(D11):71-81.

GOLUBEV V S,LAWRIMORE J H,GROISMAN P Y,et al,2001. Evaporation changes over the contiguous United States and the former USSR:A reassessment [J]. Geophysical Research Letters, 28 (13): 2665-2668.

GOSH T K,1997. Investigation of drought through digital analysis of satellite data and geographic information systems[J]. Theoretical and Applied Climatology,58:105-112.

GUTMAN G G,1990. Towards Monitoring Droughts from Space[J]. Journal of Climate,3(2):282-295.

HEDDINGHAUS T R,SAHOL P,1991. A review of the Palmer Drought Severity Index and where do we go from here? Preprints,Seventh Conference on Applied Climatology,Dallas,TX[J]. Proc. conf. on Applied

Climatol American Meteorological Society:242-246.

HEIM R R J,2002. A review of twentieth-century drought indices used in the United States. [J]. Bulletin of the American Meteorological Society,83(8):1149-1165.

HUNTINGTON T G,2006. Evidence for intensification of the global water cycle:Review and synthesis[J]. Journal of Hydrology,319(1-4):83-95.

JARANILLA-SANCHEZ P A,WANG L,KOIKE T,2011. Modeling the hydrologic responses of the Pampanga River basin,Philippines:A quantitative approach for identifying droughts[J]. Water Resources Research,47(3):980-990.

KAHLE A B,1977. A simple thermal model of the earth surface for geologic mapping by remote sensing[J]. Journal of Geophysical Research,82:1673-1680.

KOGAN F N,1995. Application of vegetation index and brightness temperature for drought detection[J]. Advance in Space Research,15(11):91-100.

KOGAN F N,1997. Global drought watch from space[J]. Bulletin of the American Meteorological Society,78 (5):1038-1038.

KOGAN F N,1998. A typical pattern of vegetation conditions in southern Africa during El Nino years detected from AVHRR data using three-channel numerical index[J]. International Journal of Remote Sensing,19 (18):3688-3694.

KOGAN F N,SULLIVAN J,1993. Development of global drought-watch system using NOAA/AVHRR data [J]. Advances in Space Research,13(5):219-222.

LINACRE E T,2004. Evaporation trends[J]. Theoretical and Applied Climatology,79(1):11-21.

LIU B H,XU M,HENDERSON M,et al,2004. A spatial analysis of pan evaporation trends in China,1955— 2000[J]. Journal of Geophysical Research Atmospheres,109(15):1255-1263.

LIU W T,KOGAN F N,1996. Monitoring regional drought using the Vegetation Condition Index[J]. International Journal of Remote Sensing,17(14):2761-2782.

MCVICAR T R,JUPP D L B,1998. The current and potential operational uses of remote sensing to aid decisions on drought exceptional circumstances in Australia:a review[J]. Agricultural Systems,57(3): 399-468.

MILLY P C D,DUNNE K A,2001. Trends in evaporation and surface cooling in the Mississippi River Basin [J]. Geophysical Research Letters,28(7):1219-1222.

MISHRA V,CHERKAUER K A,NIYOGI D,et al,2010. A regional scale assessment of land use/land cover and climatic changes on water and energy cycle in the upper Midwest United States[J]. International Journal of Climatology,30(13):2025-2044.

NICHOLSON S E,2001. Climatic and environmental change in Africa during the last two centuries[J]. Climate Research,17(2):123-144.

NISHIDA K,NEMANI R R,RUNNING S W,et al,2003. An operational remote sensing algorithm of land surface evaporation[J]. Journal of Geophysical Research Atmospheres,108(108):469-474.

PALMER W C,1965a. Meteorological drought[J]. U. S. Department of Commerce Weather Bureau Research Paper.

PALMER W C,1965b. A crop moisture index,supplemental appendix to Research Paper No. 45,U. S. Dept. of Commerce,Weather Bureau[R]. Washington:U. S. Government Print Office.

PETERSON T C,GOLUBEV V S,GROISMAN P Y,1995. Evaporation losing its strength[J]. Nature,377 (6551):687-688.

PINKER R T,ZHANG B,DUTTON E G,2005. Do satellites detect trends in surface solar radiation? [J].

Science,308(5723):850.

PRICE J C,1980. The potential of remotely sensed thermal infrared data to infer surface soil moisture and evaporation[J]. Water Resources Research,16(4):787-795.

PRIESTLEY C H B,TAYLOR R J,1972. On the assessment of surface heat flux and evaporation using large-scale parameters[J]. Monthly Weather Review,100(2):81-92.

RICHARD R H JR, 2006. 美国 20 世纪干旱指数评述[J]. 周跃武译,冯建英译. 干旱气象,24(1):79-89.

ROBESON S M,2008. Applied climatology:Drought[J]. Progress in Physical Geography,2(3):303-309.

RODERICK M L,FARQUHAR G D,2002. The cause of decreased pan evaporation over the past 50 years[J]. Science,298(5597):1410-1411.

ROSEMA A,BIJLEVELD J H,REINIGER P,et al,1978. A combined surface temperature,soil moisture and evaporation mapping approach// Proceedings 12th international Symposium on Remote Sensing of the Environment Manilla,Philippines:2267-2275.

SENEVIRATNE S,PAL J,ELTAHIR E,et al,2002. Summer dryness in a warmer climate:a process study with a regional climate model[J]. Climate Dynamics,20(1):69-85.

SERREZE M C,BROMWICH D H,CLARK M P,et al,2003. Large-scale hydro-climatology of the terrestrial Arctic drainage system[J]. Journal Of Geophysical Research,108(D2):8160.

SHUTTLEWORTH W J,WALLACE J S,1985. Evaporation from sparse crop an energy combination theory [J]. Quarterly Journal of the Royal Meteorological Society,111:839-855.

SU F G,ADAM J C,TRENBERTH K E,et al,2006. Evaluation of surface water fluxes of the pan-Arctic land region with a land surface model and ERA-40 reanalysis[J]. Journal of Geophysical Research:Atmospheres (1984−2012),11, D05110, doi:10.1029/2005JD006387.

TEBAKARI T,YOSHITANI J,SUVANPIMOL C,2005. Time-space trend analysis in pan evaporation over Kingdom of Thailand[J]. Journal of Hydrologic Engineering,10(3):205-215.

THOMAS A,2000. Spatial and temporal characteristics of potential evapotranspiration trends over China[J]. International Journal of Climatology,20(4):381-396.

THORNTHWAITE C W,HOLZMAN B,1939. The determination of evaporation from land and water surfaces[J]. Monthly Weather Review,67(1):4.

TURNER,M G,1989. Landscape ecology:The effect of pattern on process[J]. Annual Review of Ecology and Systematics,20:171-197.

VICENTE-SERRANO S M,BEGUERíA S,LÓPEZMORENO J I,et al,2010. A new global 0.5° gridded dataset (1901−2006) of a multiscalar drought index:Comparison with current drought index datasets based on the Palmer drought severity index[J]. Journal of Hydrometeorology,11(4):1033-1043.

VICENTE-SERRANO S M,LÓPEZ-MORENO J I,LORENZO-LACRUZ J,et al,2011. The NAO Impact on Droughts in the Mediterranean Region[M]//Hydrological,Socioeconomic and Ecological Impacts of the North Atlantic Oscillation in the Mediterranean Region. Springer Netherlands:23-40.

WALTER M T,WILKS D S,PARLANGE J Y,et al,2004. Increasing evapotranspiration from the conterminous United States[J]. Journal of Hydrometeorology,5(3):405-408.

WANG K,LIANG S,2008. An improved method for estimating global evapotranspiration based on satellite determination of surface net radiation, vegetation index, temperature, and soil moisture [J]. Journal of Hydrometeorology,9:712-727.

WATSON K,ROWEN L C,OFFIELD T W,1971. Application of thermal modeling in the geologic interpretation of IR images[J]. Remote Sensing of Environment,3:2017-2041.

WETHERALD R T,MANABE S,1995. The mechanisms of summer dryness induced by greenhouse warming

[J]. Journal of Climate,8(12):3096-3108.

XU C,GONG L,JIANG T,et al,2006. Decreasing reference evapotranspiration in a warming climate—A case of Changjiang (Yangtze) River catchment during 1970—2000[J]. Advances in Atmospheric Sciences,23: 513-520.

YAO Y,LIANG S,QIN Q,et al,2010. Monitoring drought over the conterminous United States using MODIS and NCEP Reanalysis-2 Data[J]. Journal of Applied Meteorology & Climatology,49(8):1665-1680.

ZHANG K,KIMBALL J S,MU Q,et al,2009. Satellite based analysis of northern ET trends and associated changes in the regional water balance from 1983 to 2005[J]. Journal of Hydrology,379(1):92-110.

ZHAO H,XU Z,JIE Z,2017. Development and application of agricultural drought index based on CWSI and drought event rarity[J]. Transactions of the Chinese Society of Agricultural Engineering,33(9):116-125.